培养良好习惯的 N 个法则

上

PEIYANG
LIANGHAOXIGUANDE N GEFAZE

孙丽红◎编著

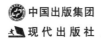
中国出版集团
现代出版社

图书在版编目（CIP）数据

培养良好习惯的 N 个法则（上）／孙丽红编著. —北京：现代
出版社，2014.1

ISBN 978-7-5143-2101-2

Ⅰ．①培… Ⅱ．①孙… Ⅲ．①习惯性－能力培养－青年读物
②习惯性－能力培养－少年读物 Ⅳ．①B842.6－49

中国版本图书馆 CIP 数据核字（2014）第 008502 号

作　　者　　孙丽红

责任编辑　　王敬一

出版发行　　现代出版社

通讯地址　　北京市安定门外安华里 504 号

邮政编码　　100011

电　　话　　010－64267325 64245264（传真）

网　　址　　www.1980xd.com

电子邮箱　　xiandai@cnpitc.com.cn

印　　刷　　唐山富达印务有限公司

开　　本　　710mm×1000mm　1/16

印　　张　　16

版　　次　　2014 年 1 月第 1 版　2023 年 5 月第 3 次印刷

书　　号　　ISBN 978-7-5143-2101-2

定　　价　　76.00 元（上下册）

目　录

第三章　养成日常生活好习惯

第一章　好习惯使人终生受益

第一节　习惯的定义

习惯到底是什么呢？习惯是指从环境中成长起来的——以相同的方式，一而再、再而三地从事相同的事情——不断重复、不断思考同样的事情。

而所谓的习惯，顾名思义，就是"行为的惯性"，这种"惯性"是摸不着、看不见的，但却具有非常大的能量，很多人都跳不出它的"魔圈"。习惯是一种顽强而巨大的力量，它可以主宰你的人生和命运。习惯的好与坏，往往影响着人生的成与败，好习惯带来成功，而坏习惯则会给人的命运笼罩上灰色的阴影。只有拥有良好的习惯，才能更好地驾驭命运。而培养好习惯，克服坏习惯，不仅需要方法，而且更需要毅力和耐心。

我们很难靠说服去改变一个人，因为我们每个人都固守着一扇门——只能从内开启的改变之门,这扇门只能由自己去打开。

一个人无论做什么,都可能形成习惯。有的人怕干活,时间一长,就会变成习惯性的懒惰;有的人遇上稍不顺心的事就会烦恼,时间一长,就会变成习惯性的烦恼。有的人遇上一点小事爱忧虑,时间一长,就会变成习惯性的忧虑……通常人们只是把人的外在表现,比如走路的姿势、个人卫生、吸烟、喝酒等称为习惯,其实人拥有很多习惯。好的习惯有诚实、勤奋、热情、节俭、快乐、自信等等;坏的习惯有虚伪、说谎、自卑、懒惰、忧郁、骄傲、胆怯等等。说白了,这些行为也只不过是人们给习惯起的别名而已。

本杰明·富兰克林说:"一个人一旦有了好习惯,那它带给你的收益将是巨大的,而且是超乎想象的"。这是他亲身体验得出的结论。富兰克林年轻时,发誓要改掉坏习惯,养成好习惯。他给自己制订了克服13个坏习惯的计划,取得了意想不到的效果。比如,为了改正自己夸夸其谈的坏习惯,他给自己选择了"沉默",要求自己做到于人于己有利之言才谈,避免了自以为是的空谈。为了保证有更多的时间用于学习,他在计划的"程序"一条里,规定自己几点起床,几点吃饭,几点阅读,使生活有条不紊。他每周选出一种缺点进行矫正,每晚必须自我反省,每天记录自己努力的结果。富兰克林能成为引导美国走上独立之路的著名科学家和社会活动家，成为最受美国人尊敬的人，这与他不断努力养成好习惯分不开。

大家过去普遍认为，人最难改变的是习惯；其实要说改变不难，也真不难。只要你改变一下你的想法，改变一下你的态度，你就可以很快改变你的习惯。

小朋友跳皮筋时唱道："小汽车，嘀嘀嘀，马兰开花二十一。"21 这个神奇的数字，不是瞎编的，有好几位世界著名的成功大师都认为："一种新的习惯，如果能坚持 21 天，你再做这件事时，就会觉得容易多了。"无论是戒烟、戒酒，还是减肥，参加运动，一开始总觉得枯燥无趣，不习惯，但只要坚持 21 天，感觉就大不一样，如果第 22 天突然中断，你会觉得不舒服，缺了点儿什么。原因很简单，一件事你经常反复练习，做起来就容易多了；一件事变得容易做的时候，人就喜欢去做。一旦喜欢去做，就必然会变成一种习惯。

人的思考取决于意识，语言取决于学问和知识，而人的行动方式则多半取决于习惯。习惯是人们长时期逐步形成的行为倾向，它具有左右一个人行为方式的巨大能量。

——教育学家夸美纽斯

当习惯一旦养成后，它就像在模型中硬化了的水泥块——很难打破了。习惯虽然是我们反复做的动作或事情，但大部分情况下我们根本没意识到有这种习惯，所以它们是自动起作用的。习惯形成后便可影响人终生，并在人们的生活进程中产生能量，从而发挥出顽强而巨大的作用。习惯的不同对人生的影响也有所不同，好习惯可以使你在生活的进程中实现完美，获取成功；而坏习惯则会给自己的形象笼罩上阴影，直接地影响自己的人生。为此在人生的旅程中，必须善于培养好习惯，努力改正坏习惯，这是人生获得成功的重要所在。有道是，把握自己和养成好习惯就能使人充当自我生活的主人，把自己的风采展现到生活中去。只要我们拥有良好的习惯，就能掌握自己的命运，不会让自己在生命的海洋里随波逐流；只要我们拥有良好的习惯，就能提高生命的质量，使人生不断达到最佳的境界；只要我们拥有良好的习惯，生活就会变得更美好、更精彩、更成功。

播种思想，收获行动；播种行动，收获习惯；播种习惯，收获性格；播种性格，收获命运。在日常生活中，我们每一个人都有习惯，其中包括一些好的习惯和一些坏的习惯。由于习惯有好有坏，所以它们不是造就你，就是毁掉你。

如果你比你的习惯要更强大，那么你就能改变习惯。例如，试着将你的双臂环抱胸前，看看，哪只手臂在上面？然后试着反方向（改变手臂的上下位置）环抱一次。很怪，是吗？但如果你连续30天这样反方向环抱双臂，你就不再感觉那么怪了。你甚至不用想就能做到，你已经养成习惯了。

任何时候你只要发现自己已经形成了一个不好的习惯，你就要照着镜子对自己说："我可不喜欢自己的这个习惯。"你就能将一个坏习惯变为好一点的习惯。有时这并不容易，但总是可能的。所以，我们最好要在青少年时期就除掉旧习惯，培养新习惯，开辟新的心灵道路，并在上面行走及旅行，让习惯成为你最好的仆人，而不是你最差的主人。

第二节　习惯的重要性

有这样一个寓言故事：一位没有继承人的富豪死后将自己的一大笔遗产赠送给远房的一位亲戚，这位亲戚是一个常年靠乞讨为生的乞丐。这名乞丐接受遗产后立即身价一变，成了百万富翁。新闻记者便来采访这名幸运的乞丐："你继承了遗产之后，最想做的第一件事是什么？"乞丐回答说："我要买一只好一点的碗和一根结实的打狗棍。这样，我以后再出去讨饭时就会方便一些。"可见，习惯对我们有着绝大的影响，因为它是连续一贯的，在不知不觉中，经年累月地影响着我们的行为，影响着我们，影响着我们的观念，左右着我们的人生。

英国诗人德莱敦说："首先我们养出了习惯，随后习惯养出了我们。"伟大的思想家培根则认为："人们的行动，多半取决于习惯。一切天性和语言，都不如习惯来得有力，在这一点上，也许只有宗教的狂热可与之相比。除此以外，几乎所有的人都难战胜它！即使是人们赌咒、发誓、打包票，都没有多大用。"

习惯的力量是巨大的，人一旦养成一个习惯，就会不自觉地在这个轨道上运行，如果是好习惯，会终生受益；反之，就会在不知不觉中害你一辈子。通常我们说一个人素质不高，往往就是因为这个人有许多坏习惯。

习惯真可能是一种极其顽强的力量，它可以主宰人的一生。因此，作为家长，与其给孩子留下百万家产，不如帮助孩子从小养成一些良好习惯。多一种好习惯，在孩子的心中就会多一份自信；多一种好习惯，人生中就会多一份成功的机会和机遇；多一种好习惯，孩子的生命里就多了一份享受美好生活的能力。

1978 年诺贝尔奖获得者的巴黎聚会上，一名著名学者曾经被问道："你在哪所大学学到了最重要的东西呢？"这位白发苍苍的学者回答出人意料："幼儿园。"学者说："饭前记得洗手，午饭后记得休息；不是自己的东西不能拿；做了错事要道歉；东西要摆放整齐，学习提倡多思考……我学到的全部东西从根本上说就是这些。"这位学者的回答就是他们认为终生所学到的最有用、最重要的东西，是幼儿园老师培养了他良好的习惯。

仔细分析一下这位科学家的话，里面确实包含着深刻的道理，再联系现实生活，对于每一个人几乎都适用。如果你希望有较好的学习成绩，如果你希望有效利用时间，如果你希望将来能有所建树，那么，就尽早养成良好的习惯吧。习惯是自动化的行为，不需要特别的意志强加的努力，不需要别人来监控，它是在什么情况下就会按什么规则去行动的自然反应。习惯一旦养成，就成为会支配人生的一种力量。好的习惯如果养成，便可终身受益。

养成良好的习惯是中华民族的传统美德。

1959年，毛泽东回到了离别32年的故乡韶山，他在请老人们吃饭时，亲自把自己的老师让在首席座位上，向他敬酒，表达自己对老师的深切敬意。毛泽东青年时代时曾经听过徐特立先生的课。当徐特立60岁生日时，他特意写信给徐老祝贺。信中说："您是我20年前的先生，您现在仍然是我的先生，将来必定还是我的先生。"

中华民族自古就有尊敬师长的优良习惯。在我国历史上，最早开创私人讲学的是圣人孔子，据说他有弟子三千，学有所成的就有"七十二贤"。古人喜欢把老师与知识紧密相连，都把尊敬老师看得十分重要。

我们的民族在发展的过程中，用智慧的头脑加上勤劳的双手创造了无比瑰丽的文化。不管是猛烈的雷击还是风霜的侵袭都不能侵蚀这些良好的习惯。中国古代儒家倡导孝、悌、忠、信4种美德。而在当今社会，爱祖国、爱人民、爱劳动、爱科学、爱社会主义是每个公民最基本的美德，同时勤劳、勇敢、诚实等历代劳动人民的良好习惯也需要我们继承和发扬光大。陆游的"位卑未敢忘忧国"，林则徐的"苟利国家生死以，岂因祸福避趋之"等赤子之心，都体现了爱国者的高风亮节。

生活在科学进步的 21 世纪的青少年们，培养良好的习惯，继承和发扬中华民族的传统美德，是这个社会不断前进的强大内在动力，让爱国爱家，爱集体爱他人，这些平凡而又伟大的良好的习惯在我们的心中永远闪亮吧。

养成良好的习惯对青少年也有着重大的意义：

1. 养成良好的习惯，可以保障青少年的身体健康。由于平时不良的卫生习惯导致了许多疾病，如肝炎等肠道传染病，一般是由于双手的细菌污染了食物而造成的，沙眼也是因为用手揉眼导致的。

2. 养成良好的习惯，有利于长期有规律地学习。凡是在学术上有所建树的人，无一不具有良好的习惯。就连智力超群的学生，在谈到为何成绩优异时，都会强调自己有一个很好的学习习惯。

3. 养成良好的习惯，有利于培养青少年树立伟大的爱国思想。伟大祖国的悠久文化和建设成就值得我们骄傲，历史伟人的奋斗事迹值得我们努力学习，每一个祖国的公民都要忠心爱国，从小就要立下报国的志向。

4. 养成良好的习惯，有利于培养青少年从小尊老爱幼的美德。尊老爱幼是中华民族的传统美德，青少年应该从小养成尊老爱幼的习惯，关心他人，树立爱心，建设和谐家园。

5. 养成良好的习惯，有利于青少年修养美德。勤俭节约，一粥一饭，当思来之不易，幸福生活，好好珍惜。让青少年深刻感受节俭的意义，从小树立节俭的良好习惯。

总之，良好的习惯有利于加强青少年集体荣誉感，帮助青少年从小就树立强烈的责任心，学会关爱他人，互帮互助，让每个孩子都明白集体的荣誉需要每个人的努力。青少年应该从小就培养良好的习惯，在每一天的不断学习中积累点点滴滴的进步，为明天的辉煌打下坚实的基础。

第三节　　习惯的养成

习惯的养成，并非一朝一夕之事；而要改正某种不良习惯，也常常需要一段时间。根据专家的研究发现，21 天以上的重复会形成习惯，90 天的重复会形成稳定的习惯。所以一个观念如果被别人或者是自己验证了 21 次以上，它一定会变成你的信念。

第一个阶段是头 1~7 天，这个阶段的特征是"刻意，不自然"。你需要十分刻意地提醒自己去改变，而你也会觉得有些不自然、不舒服。但是，这个时候一定要坚持，不能半途而废。例如，你平时看书做作业眼睛离书本很近，你一定要时刻提醒自己端正坐姿，虽然这个时候会有些不舒服的感觉，但是一定要克服。

第二个阶段是 7～21 天，这一阶段的特征是"刻意，自然"，你已经觉得比较自然，比较舒服了，但是一不留意，你还会回复到从前，因此，还需要刻意地提醒自己。时间一长，可能坐姿正确就不会有不舒服的感觉了，所以，这个时候一定要提醒自己坚持好习惯。

第三个阶段是 21～90 天，这个阶段的特征是"不经意，自然"，其实这就是习惯，这一阶段被称为"习惯性的稳定期"。一旦跨入这个阶段，你就已经完成了自我改造，这个习惯已成为你生命中的一个有机组成部分，它会自然而然地不停为你"效劳"。

我们知道，重复的行为巩固下来，成为需要的行动方式便成为习惯。每一个人都有自己的各种习惯，良好的习惯能促进人生的成功，恶习、劣习会把人生引进万劫不复的深渊。因此从小培养良好习惯是非常有必要的。

怎样才能养成良好的习惯呢？实际上，绝大部分人都想拥有好习惯。但是，拥有好习惯的人不是很多。正如叶圣陶先生所言："心里知道该怎样，未必就能养成好习惯；必须怎样怎样去做，才可以养成好习惯。"好习惯是刻意培养出来的，如果不刻意培养好习惯，就会不经意地形成坏习惯。

要培养好习惯，首先必须确定目标，什么是好习惯，什么时候该培养什么样的好习惯，一定要心中有数。其次，要制订完善的可行的计划，一步一步地实施。再次，必须有毅力。习惯的养成绝非一朝一夕的事情，必须日积月累地去练，练到一定的程度，习惯成自然，就好了。

与如何培养良好习惯相辅相成的是如何戒掉坏习惯。正如保尔所言："人应该支配习惯，而不是习惯支配人。"所以，对坏习惯，一定要痛下决心，加以破除。不破不立，否则，好习惯是无法养成的。

一、良好的习惯源自规范意识的培养

一个家庭或是一个家族，必须有规矩。在影视剧里，尤其是古装戏里，我们常常可以听到"家规"、"家法"等字眼。现在虽然很少能听到这样的词，也很少有哪个家庭会制定完整的家规或是将家规系统地进行书面化，但我依然认为，一个没有规矩的家庭，是很难教育和培养出具有良好道德品质和生活学习习惯的孩子。

规范意识教育是家庭教育的核心，规范意识是习惯形成的根本。现今社会，法制化程度越来越高，人们的法律意识也越来越强。法律是什么？法律就是规矩。法制是什么？法制就是用规矩来制约人的言行。试想，一个孩子从小就无所畏惧、不受任何约束，那么他长大成人后，他如何来适应社会、法律、道德对他的制约？这时，要么他从头开始适应，要么与之相抗衡，这两者都不是负责任的家长愿意看到的，前者是个痛苦的过程，后者必定带来悲惨的结局。因此，孩子从小要学会适应规矩的约束。

在学龄前培养孩子的规范意识，可以从培养生活习惯开始，从按时作息开始，并逐步引申到学习习惯的养成中去。培养孩子的规范意识，就是要让孩子知道规矩的存在并去有意识地遵守它。这会比养成不良习惯后再去纠正要好得多，因为，矫正教育远比开发教育（养成教育）要困难和痛苦。

当然，规矩是用来约束人的，尤其是在学龄前儿童的家庭教育中，规矩应该如何制定有个度的问题。太严了，容易扼杀孩子的想象力和创造力，使孩子变得唯唯喏喏，唯命是从，毫无主见；太松了，起不到教育和约束的作用，反而会助长孩子践踏规矩的勇气，使孩子更加任性妄为。规矩的度的问题，可能更复杂，涉及到家庭的习惯、孩子自身的特点等等，在这里就不赘述了。

二、要有毅力，点滴培养

一种习惯，坚持下去，就成为自然。不仅不是负担，而且不做似乎缺了一点什么，比如每天刷牙洗脸，习以为常，一天不刷牙洗脸就会感觉不舒服。习惯要靠点滴养成，不能三天打渔两天晒网。就像部队里培养军人的整齐划一的作风一样，一个班十几个人，从牙刷、洗脸毛巾的放置到被子蚊帐的折叠，都要整齐划一，通过点点滴滴来培训军人的一切行动听指挥的观念。一种好习惯，做几次容易，要坚持不懈地做就不容易，这需要有坚强的毅力。要改变一种不良习气，更要有毅力，甚至是很痛苦的过程。例如戒烟，没有持久的毅力就容易半途而废。又比如平衡饮食，不暴饮暴食，要拒绝美味佳肴的诱惑，需要有坚强的自控能力，才能做到。

三、要向身边的榜样学习

榜样的力量是无穷的，尤其是看得见、摸得着、经常接触的榜样。书本上、电视上、远距离的榜样当然也应该学习，研究他们的特点，可以从中得到启发，但是相对来说比较抽象，不如身边的榜样那么具体实在。我们应该从经常接触的人当中如领导、同事、同学、朋友、亲戚等等，从他们的言行举止中，发现他们的好习惯，好方法，取长补短。有的人爱看书学习，谈起读书心得体会很有见解；有的人时间观念很强，参加各种集体活动从不迟到，准时出席，这种人办事都比较严谨；有的人言行举止温文尔雅，打扮修饰十分得体，这种人在朋友圈里面一定是受欢迎的人；有的人生活很有规律，饮食很注意节制，这种人身体健康，精神饱满。一般说来，"如何培养好习惯，怎样度过美好人生"都是人们经常讨论的一个话题，只要你留心倾听，善于汲取，收获总是会有的。

四、要善于学习体验不断修正完善

人生之路漫长而又短暂。美好的人生，靠自己去感悟，去创造，精心经营一辈子，直至生命终结。人的一生是一个不断学习别人长处，不断改进自己的缺点，不断完善的过程，良好习惯不是先天就有的，而是后天逐渐养成的。所以，从小时候开始，在父母长辈和老师的引导下，就要开始培养良好习惯。懂事之后，特别是成年之后，就要善于学习体验，不断改变自己的不良习惯。随着年龄的增长，阅历的丰富，加上自己的悟性，良好习惯会日臻完善，习惯成为自然。良好习惯日臻完善的过程，也就是美好人生逐步实现的过程。

要破除了坏习惯，除要端正态度、不错把坏习惯当个性以及要有决心、有毅力外，还应掌握一定的方法。下面简单介绍几种破除坏习惯的方法。

内隐致敏法：不良的行为欲望出现时，立即闭上眼睛，进行厌恶性或惩罚性的想象，使想象产生的厌恶性或惩罚性刺激同不良的行为结合起来，导致对这种行为的不愉快的、痛苦的体验，从而最终消除不良的行为。例如具有酒瘾的人在出现饮酒欲望时，立即闭上眼睛想象自己或他人过量饮酒后出现的失态行为，强烈呕吐的痛苦情景而抑制饮酒的欲望和戒除酒瘾。

橡圈弹痛法。当出现不良的行为时，立即拉弹预先套在手腕上的一根橡皮圈，使之产生疼痛刺激，以抑制和消除不良的行为。

厌弃法：俗话说"物极必反"，厌弃法就是将欲破除的习惯有意识地重复去做，直到疲惫厌倦为止。国外有位心理学家，曾有将 the 写成 hte 的习惯，他屡思改正，却毫无办法。最后他异想天开，故意将拼错的 the 写了几百遍，同时想着这是错的，以后不可再如此拼写。从此以后，这个错字果然在他笔下再不出现了。

替代法：为了戒除某种不良习惯，可以从积极地培养与这种不良习惯相敌对的优良习惯着手。因为这种敌对性的优良习惯一经形成和巩固之后，自然就对原来的习惯发生种种抑制和替代功效。

改善环境法：人们习惯养成，往往与其过去长期所处的环境是密不可分的，因此若想改掉自己的某种不良习惯，就应设法将环境中的某些不利影响消除掉。比如如果在学习时注意力无法集中，那么就应该尽力去除掉书桌上、周围一切与学习无关的东西，如电视、游戏机、小说和招贴画，以免这些东西分散学习注意力。

请人监督法：要戒除某种不良习惯时，不妨把决心告诉亲朋好友，请他们给予监督。例如，如果要改变自己早晨懒床不起的习惯，可让家人督促提醒你早睡早起；也可从亲朋好友中找一个同伴，每天和他相约共同去锻炼。

习惯决定一个人的命运，我国教育的核心是培养健康健全的人格，而培养健康健全的人格最有效的方法就是从小培养良好的行为习惯。青少年教育就是培养良好的习惯，通过培养良好的习惯来缔造孩子健康健全的人格。那我们到底怎样来培养孩子良好的习惯呢？

一、要抓住教育孩子的关键期

孩子良好习惯的养成有一个很关键时期。青少年时期是培养孩子生活习惯与学习习惯的最关键时期，这个时期如果养成了良好习惯，孩子可以终身受益。因此，抓住关键期对孩子进行良好习惯的培养，是重要的一个途径。

例如，孩子第一次骂人只是觉得好玩，他并不是道德思想上的驱使，这时候，如果孩子观察到父母或其他人对自己的行为反应是冷淡严肃的，孩子内心就会明白："大人不喜欢我这样。"为此，他会减少这种行为；如果这时父母对孩子的行为反应表现出赞扬、夸奖或者高兴态度，孩子就会感觉自己的行为是受到大人喜欢的，因此会反复进行，从而就会养成不良的习惯。因此，父母一定要抓住教育的关键期来帮孩子培养好习惯。

二、培养好习惯，纠正坏习惯

对于父母来说，不仅要培养孩子的良好习惯，更要纠正孩子养成的不良习惯。因为坏习惯一旦被养成，有时候就算没有外部的条件，同样可以再有意无意地表现出来。许多孩子心里知道什么是不良的习惯，但就是控制不住而重复表现。这时候，就需要父母帮助孩子来抑制和纠正坏习惯。

著名教育家叶圣陶曾经说过："走进一间屋子，砰的一声把门推开；喉间一口痰上来了，噗的一声吐在地上；这些好像是无关紧要的事，但这既影响他人学习和工作，又可能传播病菌，一旦习以为常，就成为一种妨害他人的习惯。"妨害他人的习惯是十分可恶的，往往也是恶劣品质形成的开始。如果一个人不在乎自己与他人的关系如何，不懂得如何去爱护他人，一切习惯都有妨害他人的倾向，就极有可能将来成为一个恶人。

三、好习惯要及早培养

习惯成自然，在实践生活中养成良好的习惯，使习惯转变成自然。陶行知先生很重视在实践生活中养成好的习惯。他曾经在《教育的新生》中写道："我们所提出的行是知之始，知是行之成。行动是老子，知识是孩子，创造是孙子。有行动之勇敢，才有真知的收获。"在培养孩子良好习惯的时候，可结合孩子自身的兴趣特点来培养，由浅入深，由短到长。良好习惯的培养不在一朝一夕，贵在持久坚持。

一位细心的母亲发现孩子在写作业的时候，一会儿撒尿一会儿喝水，不到一小时来回地出去了四五次。这位母亲看在眼里却没有太着急。第二天，孩子在写作业前母亲提出了建议：可以在坐下前把该做的事都做好吗？孩子在母亲的鼓励下果真少出去了一次；过几天母亲又提议可以再减少一次，孩子又非常轻松地做到了。家长的要求依次逐渐地递减，到最后孩子可以完全集中精力把作业写完了。这位聪明的母亲不仅帮孩子克服了不良的习惯，更重要的是方法得当并且保护了孩子自信心。

明明13岁的时候，曾经发生过一件事，令他至今难忘。他们一家三口都很爱吃橘子，但妈妈每次买橘子都按3的倍数来买，吃的时候把橘子交给孩子来分，按照每人一个的顺序。可是，就剩下最后的三个橘子时，明明没分，却看着爸妈，意思是：就3个了，你们还要吃吗？爸妈互相递了一个眼色：吃。结果，爸妈一边吃橘子，明明一边很委屈地流眼泪。长大了之后，明明才懂得了妈妈的做法是很明智的。如今的很多孩子缺的不是俩橘子，缺的是心中是否有别人。孩子成长是一个社会化的过程，当孩子的心中有了别人，他的社会化就已经开始了，当孩子能够处理好人与人之间的关系，他的社会化就已经达到一定的水平了。

今天家长怎样教育孩子，孩子明天就会成为怎样的人。养成良好的习惯用加法，克服坏习惯要用减法。青少年虽然在体力和智力上逐渐进入人生的最佳阶段，但思想和情绪极不稳定，容易在不良环境下，沾染一些不良的恶劣行为习惯。不良的坏习惯主要表现在以下两个方面：

1. 在学习纪律行为方面，表现听课时容易走神，做小动作、厌学、逃学、打架斗殴、早恋、偷盗、聚众闹事等。

2. 在日常生活方面，偏食、挑食、顶撞父母、吸烟、饮酒、作息无规律、说谎、不讲卫生、爱睡懒觉等。

青少年时期一旦养成了不良的行为习惯，纠正起来会比较困难，轻者身心健康受影响，重的会失足及堕落，危害社会。因此，青少年要下决心改变不良的行为习惯，培养良好优秀的行为习惯。具体说，要注意以下几点。

1. 端正生活态度。如果文化素质低，缺乏正确的价值观和人生观来引导，生活态度不严肃，整天以吃吃喝喝为乐趣，喜欢讲哥们义气、爱打架斗殴的人,很容易沾染不良习气。

2. 加强意志力的锻炼。"冰冻三尺,非一日之寒。"青少年往往有较大的惰性,要想养成良好的习惯,必须有决心、有毅力,坚持与惰性作斗争。培养坚强的意志就要刻苦磨炼、防微杜渐。

3. 亲朋好友及老师的监督。除了自我提醒及自我监督以外,可请父母、老师和朋友来严格监督自己,请他们随时帮自己挑毛病,达到坏习惯及时纠正,好习惯逐渐养成。

4. 结交朋友要慎重。如果交友不慎,受到流氓伙伴的唆使,黄色书刊毒害,是青少年养成坏习惯的重要社会环境因素。对此,青少年一定要予以高度的重视。应交怎样的朋友,不应交怎样的朋友,一定要认真辨别并且要慎重选择。

纠正孩子坏习惯贵在坚持,要有毅力和恒心。在帮助孩子纠正坏习惯时,父母可以直接指出坏习惯的危害,并以此触动孩子的内心,这样纠正起来会容易得多。坏习惯难以改掉的原因与决心不大及毅力不强有关。对于坏习惯,不少人都想改,但为什么有人改掉了,有人却改不掉,除了要认识到坏习惯的危害外,关键是要痛下决心去改,相信坏习惯是可以改掉的。

日本著名的教育家福泽谕吉曾经说过:"家庭是习惯的学校,父母是习惯的老师。"事实的确如此,孩子习惯的养成很大一部分原因是在家里,家庭是孩子健康成长的第一环境,是孩子良好习惯形成的摇篮。青少年有很大一部分时间是生活在家庭中，家庭生活对孩子的影响是至关重要的。培养孩子良好的行为习惯，需要抓住家庭教育这一最有效的途径来进行，这也是我们家庭教育所要求的最基本的任务。因此，父母应该重视在生活中培养孩子的良好习惯。

有一个小朋友叫晓峰，由于父母平时工作繁忙，晓峰从小就跟随爷爷奶奶一起生活，爷爷奶奶对晓峰非常宠爱，对晓峰总是照顾得无微不至。当晓峰进入幼儿园时，还不会自己上厕所，不会自己吃饭和睡觉……

德国著名的哲学家康德从小就被父亲养成了严谨的生活习惯。据说，康德住的镇上有一个喷泉，他每天散步要经过，而每次当他经过喷泉时，时间一定是指向上午7点。这种有条不紊准时的生活作风正是哲学家康德严密思维的根源。

可见，良好的习惯对于一个人的成功有着积极作用。而晓峰在生活中根本就不具备良好的自理习惯。生活就是教育，父母应该为儿童创造积极适宜的家庭环境。同时，父母更应当在自己的行为、举止和谈吐等方面给孩子树立榜样，言谈举止要表现出高尚的情操等，这种熏陶会使孩子在潜移默化中得到最好的教养。除此之外，还应注意以下几点：

1. 要帮助孩子认识习惯的重要性，父母可以通过讲故事、分析案例等各种方式来进行，让他们切身感受到习惯的重要作用。

2. 尊重孩子的权利并给予他们积极参与的权利。真正的教育就是自我教育，孩子是主人，因此父母就要发挥他们的主人作用。习惯养成的最高机制即形成满足学生的自身需求，而不是外在的逼迫，这一点特别重要。

3. 树立榜样的教育。用各种榜样来进行教育，列举各种杰出人物的好习惯。如李嘉诚很守时，他的表都是故意拨快10分钟来守时的。这样的榜样很多，都是值得我们学习的。

4. 与孩子讨论一起来制定行为规范。定家规，制定习惯的培养目标。要让孩子自己思考，习惯多么重要，需要形成怎样的习惯。要逐个地制定培养目标，如一个月培养一个新习惯等。

青少年时期就像一块神圣的田地，在地里撒下什么种子，就会结出什么样的果实。如果播种一种习惯，就会收获一种性格；播种一种性格，就会收获一种命运。习惯对青少年的一生无比重要，在这个时期播下习惯的种子，将对孩子的一生起着决定性的影响。孩子不是用传统教育方法就可以教育好的，方法总是很容易被忘掉。好习惯一旦养成，很自然、很容易地将会发生作用。因此，为了孩子的健康成长和终身幸福，每一个父母都需要高度重视孩子的习惯培养。

如果把"健康"比做一年，好的作息习惯就像春天，处处存在着生机。好习惯对青少年来说是人生的格调，命运的主宰，是成功的轨道，是终身的财富。好的习惯可以帮助孩子认清生活中的问题和纠正影响健康的不良恶习，教会他们如何守护自己的身体，帮助孩子们磨炼意志，鼓舞孩子乐观向上。

　　每一位家长都希望自己的孩子生活幸福、安全、快乐。其实，孩子是否真有幸福，并非取决于天性，而是取决于人的习惯。没有人天生就拥有超人的智慧，成功的捷径恰恰在于貌似不起眼的良好习惯。好多事情失败了，可以重来，唯有教育孩子，失败了是不能重来的。因此，父母一定要在孩子的习惯培养上下大功夫。倘若在播种孩子习惯的过程中，习惯的种子从一开始就被虫子蛀掉了心，它将注定无法结出任何果实；但是如果一开始它就健健康康，那么孩子们的一生就会收益良多。

第四节　　好习惯成就好人生

　　爱因斯坦有句名言："一个人取得的成绩往往取决于性格上的伟大"。而构成我们性格的，正是日常生活中的一个个好习惯。好习惯养成得越多，个人的能力就越强。养成好的习惯，就如同为梦想插上翅膀，它将为人生的成功打下坚定的基石。有人曾做过148名杰出青年的童年与教育研究，发现他们之所以杰出，人格因素是最重要的原因。在148名杰出青年身上，集中体现出这样6种人格特点：1. 自主自立精神；2. 坚强的意志力；3. 非凡的合作精神；4. 鲜明的是非观念和正确的行为；5. 选择良友；6. 以诚实、进取、善良、自信、勤劳为做人的基本原则。举例来说，他们在童年时，如果未完成作业而面对游戏的诱惑，60.13%的人坚持认真完成作业；66.8%的人非常喜欢独立做事情；79.73%的人对班上不公平的事情经常感到气愤；而54.05%的人经常制止他人欺负同学的行为。可见，良好的行为习惯可以成就积极的人生。再看看我们周围，有人勤奋，有人懒惰；有人认真，有人马虎；有人惜时如金，有人挥霍光阴；有人明天的事情今天做，有人今天的事情明天做……勤奋节约的人收获幸福，铺张浪费的人收获痛苦；今天的事情明天做，所有的梦想皆成空，明天的事情今天做，所有的梦想都成真……事实告诉我们，有怎样的行为习惯，就会有怎样的人生！

那么，良好的习惯与美好人生的关系是什么呢？首先我们要确定什么是美好人生。第一，事业有成。事业有成是人生价值的体现。一种是事业成功。如领袖人物、科学家、企业家、知名人士，无疑是事业有成。另一种是事业有成绩。作为绝大多数的普通人来说，只要你兢兢业业干好自己的本职工作，一辈子做有益于社会的事，也是事业有成。当你到了耄耋之年，回首往事的时候，不因碌碌无为而懊悔。第二，衣食无忧，身体健康。也就是人们常讲的"生得优，活得长，病得晚，死得安。"第三，精神生活比较充实。知足常乐，心态平和，平静处世。有爱心尊重他人，助人为乐，有朋友圈。婚姻家庭生活和谐，尽享天伦之乐。对文体活动有一定的兴趣。

美好人生体现在人生路上的各个阶段，以及各个阶段的方方面面。有重要的方面，也有很具体的生活细节。一个人通过方方面面的良好习惯，一点一滴去创造美好人生。方方面面的良好习惯构成美好人生。清华大学一个研究机构通过对中外成功人士的研究发现，他们的一个共同特点，就是有良好的学习习惯和生活习惯。良好习惯是迈向成功的思维方式，行为准则就像滴水成河，聚沙成塔一样。一个有良好习惯的人，一定是高素质的人，高品位的人，高修养的人。

良好习惯的具体表现在一个人，从学习、工作、社交、婚姻、家庭，到生活起居，活动内容包罗万象，人生不同的阶段或不同的人，生活内容也不一样。现在，只能就带普遍性的，带规律性的 13 种良好习惯简述如下：

一、学习习惯

从古至今，那些有成就、有作为的人都知道读书的重要性。多少年来，民间流传着一句警言："行万里路，读万卷书"也是讲读书的重要性。伟人毛泽东从青少年时代开始，到革命战争年代，最后到晚年，一生与书为伴，从他的书房到寝室，除了书还是书，毛泽东的读书习惯铸就了他的伟人智慧。书籍，是人类智慧的结晶和传承。读书可以扩大和丰富你的知识面，启迪你的创造性思维。学习又是一种乐趣，可以陶冶你的性情，完善你的人格，所以，养成良好的学习习惯极为重要。它是开创美好人生的知识源泉。学习习惯，不仅体现在青少年时代的学校生活，应该贯穿于人生的每个阶段，既要学习专业知识，又要学习人类的共同科目，而且要活到老学到老。

二、守时习惯

从一日三餐，到起居作息，都是按时进行，这不仅符合"日出而做，日落而息"的自然规律，而且符合人体的生物钟。不仅有利于提高学习和工作效率，而且有利于身体健康。谁都会有这样的体会，一旦打乱了作息时间，人的生物钟就会出现紊乱，人就感觉到不舒服。我们平时上下班、开会集体活动、赴宴以及朋友聚会等等都要养成守时的习惯，这不仅是一种工作纪律，也是一个人诚实守信的表现。

三、做计划的习惯

一天工作开始之前，要想一想今天要干几件什么事，哪些先干，哪些后干，哪些合并着干。从一天，到一个星期，一个月或一个阶段。该干的事情都要做好计划，并记录在案，以免忘记。对于半年、一年之中，要干的事情，要有粗略的计划。每次因事出差，或者旅游休闲，事先都要做好周密的计划，这样可以做到心中有数，按计划进行。即使情况有变化，临时调整也不会乱了手脚。计划性不仅体现在工作上，应该贯穿于生活的方方面面。按计划行事，工作、学习、生活会井井有条，忙而不乱。

四、守纪律的习惯

遵纪守法，是社会稳定，生活有秩序的需要。没有纪律就没有秩序，也没有自由。遵守纪律是人类文明的表现。美国的迪士尼乐园里，人们排着长队参观某些游乐项目，在长队的一边拉着一条长长的绳子作为标志，无论男女老幼没有一个人插队的，没有一个人从绳子下面穿来穿去的，大家都规规矩矩地排着队入场。在日本，上下楼梯习惯于靠右上下，没有人并肩上下，意在要给别人留出一个上下楼梯的位置。所以，从政纪国法到公共秩序，人人都要自觉遵守，社会才能安定和谐。

五、勤俭节约的习惯

勤俭节约被中华民族视为一种美德，是发达国家普遍遵守的一种文明行为。世界华人首富李嘉诚，为社会的公益事业捐款上千亿元，但他本人的生活很简朴，不抽烟，不喝酒，只喝淡茶，一日三餐以素食为主。有的人花钱大手大脚，铺张浪费，没钱花了就走邪门歪道，甚至走上犯罪的道路，这样的案例很多，我们应该汲取教训。勤俭节约的习惯，要从小培养，从一点一滴做起。一粒饭，一张纸，一杯水，都不要浪费。长辈们给的零花钱，过年过节的钱要用在正当的开支上。成年之后，从衣食住行到家庭开支，以及经营事业都要精打细算，勤俭办一切事情。即使成了亿万富翁，也不能丢掉勤俭节约的好习惯。

六、讲礼貌的习惯

尊重他人，以礼相待，是建立良好人际关系的一个重要方面。不论对领导同事、老弱妇孺，还是亲戚朋友，都要讲究礼貌礼节。见了熟人，要主动打招呼，分别时要说声"再见"。即使是生人，偶然间发生了争执，也要以理服人，不要恶语伤人。礼貌礼节，它体现在说话的语气，面部表情，行为举止上面。这要靠日积月累的历练而成。

七、言行一致的习惯

从古到今，都流传着这样的话："君子一言，驷马难追"，"言必信，行必果"。讲的都是言行一致的重要性，它是一个人是否有诚信的表现。而诚信是为人之本，相比之下，才华只能算作为人之叶，人无信不立。你说了的话，必须兑现，答应别人的事，必须去做。如果情况有变化，必须向他人说明情况，取得别人的理解，世界上最怕与之打交道的人，就是只说不做，空话连篇的人。

八、讲卫生的习惯

讲究卫生，看起来是小事，实际上是大事，是事关身体健康的事，是现代文明的表现。首先从个人的卫生习惯做起，如早晚刷牙，饭后漱口，饭前便后洗手，勤换衣服勤洗头。从家庭居室到办公室，要勤打扫勤擦洗，东西放置井井有条，让人看起来舒服，住起来舒适。维护公共场所的卫生，人人有责。如，不要随地吐痰，不要乱丢果皮纸屑，不要抽烟，不要大声说话等等。干净优美的生活环境是社会文明的一个重要标志。

九、科学的饮食习惯

众所周知，科学的饮食习惯，关系到人的健康长寿，至关重要。饮食习惯内容很多，首先要懂得科学饮食习惯的基本常识，然后贵在坚持。要按时进食，定时定量，平衡饮食，不要偏食，不暴饮暴食。时令转换，饮食也要随之变化。常言道：人生病多半是吃出来的，最好的医生是自己，这是至理名言。

十、体育锻炼的习惯

体育锻炼对身体健康的重要性不言而喻。问题是要选择适合自己特点的，有兴趣爱好的几个项目坚持不懈，形成习惯，则不容易。如散步、爬山，谁都会，关键是要坚持不懈。还要选择一两项自己喜爱的运动，如打球、游泳、跳舞等等，每个星期两三次坚持不断。中国道家讲究动静结合，静养，也是一种锻炼身体的方式，而且是一种更高层次的锻炼方法。

十一、爱好文艺的习惯

音乐、舞蹈、绘画、书法等艺术形式，能够陶冶人的情趣，升华人的品位，净化人的心灵。可以选择其中一两项作为爱好，养成习惯，伴随终生。尤其是音乐，有着神奇的作用，可以舒缓人的工作压力和紧张忧伤的情绪，不论你的文化高低，年龄大小，都可以成为一种爱好。

十二、爱美的习惯

爱美之心，人皆有之。扮美自己，有个好的形象，可以增强自己的自信心和自豪感，也为五彩缤纷的世界增添色彩。所

以养成爱美的习惯很重要。人为什么要天天照镜子，就是讲究
形象。从梳妆打扮，到穿着服饰，都要好好考究，大方得体。
尤其是青少年，更要注意清新自然，衣着洁净得体，让文明世
界更美丽。

十三、社交习惯

　　一个人离不开群体，人是社会的一分子，所以，必须融入
社会，不能把自己孤立起来。这就要积极参加社交活动善于结
识朋友。朋友很重要，知心朋友更宝贵。古人说："人生难得一
知己"，知根知底知心的朋友，有时胜过有血缘关系的亲戚。马
克思正因为有恩格斯在经济上的无私帮助，在事业上的志同道
合，才创立了伟大的无产阶级革命学说，马克思逝世之后，恩
格斯继承了他的未竟事业，整理和续编了《资本论》第二、三
卷，才得以完善了马克思主义理论。乐于参加社交活动，善于
与人打交道，既是一门艺术，也是一门科学。要从小培养自己
这方面的习惯。

第二章 好学生离不开好习惯

第一节 让学生养成好习惯

美国著名哲学家罗素曾经说过，人生幸福在于良好习惯的养成。杰出的思想家培根说："习惯是人生的主宰，人们应当努力求得好习惯。"对学生良好习惯的培养，一直是古往今来各国教育的一个重要内容。下面谈一谈养成什么样的好习惯、养成好习惯的重要性。

一、养成什么样的好习惯

不同的时代、不同的社会，要求养成学生不同的良好习惯。在市场经济逐步完善、同国际接轨的今天，学生该养成什么样的好习惯呢？

对于学生而言，应重点养成两个好习惯：一是诚信不欺的习惯，二是遵守规则的习惯。这两个习惯都是当今中国匮乏而市场经济必需的习惯。它关系一个民族的形象，甚至影响着中国未来的命运。

当今中国假话充斥、假货泛滥，这大概是一个不争的事实。这种现象，不仅对国民心理产生不良影响，而且严重影响国民经济的健康运行，并极大损害中国在国际上的形象。从经济学的角度来讲，它提高了交易的成本，妨害了经济高效的发展。如果一个民族任假大空肆意发展，这个民族的命运可想而知。

遵守规则意识的养成在当今中国亦是相当重要。大凡西方人初到中国，总对红绿灯下站着一两个警察感到诧异：红绿灯就意味着交通规则，有规则高悬在上，要警察干吗？他们不了解中国的国情，中国人守规则意识差，自古皆然。现在大家随时随地都可以看到这种情况，有时我们就是不可推卸的当事人。历史上的可以参见《潜规则：中国历史中的真实游戏》。

去过西方国家的人们都会对其良好的社会秩序、不打折扣的守规则意识留下深刻的印象。中国入世谈判首席代表龙永图曾对记者讲述过这样的一个故事：一次在瑞士，他和几个朋友去公园散步，上厕所时，听到隔壁的卫生间里"砰砰"地响，他有点纳闷，他出来后，一位女士很着急地问他有没有看到她的孩子，她的小孩进厕所10多分钟了，还没有出来。他想起了隔壁厕所的响声，进去打开厕所门，看到一个七八岁的小孩正在修抽水马桶，怎么搞都冲不出水来，急得满头大汗。原来，那个小孩觉得他上厕所不冲水是违背了规则。而在国内，几乎没有一个厕所不是醒目地高贴告示：请便后冲厕；同样，几乎没有一个厕所完全实现了这一点。

正因为如此，龙永图在谈到中国人如何迎接入世时曾经指出：中国人最迫切的任务是要培养两种意识，一是诚信的意识，二是遵守规则的意识。

这两种良好习惯的养成，已经是刻不容缓了。

二、养成好习惯的重要性

俄国教育家乌申斯基说："良好习惯乃是人在神经系统中存放的道德资本，这个资本在不断增值，而人在其整个一生中就享受着它的利息。"习惯不是小问题，它反映着一个人的修养与素质，在很大程度上决定着一个人的工作效率和生活质量，并进而影响他一生的成功与幸福。这方面的正反事例比比皆是。

中国青少年研究中心副主任、研究员孙云晓曾对148名杰出青年和115名被判处死刑的问题青年作过对比分析，发现决定他们命运迥异的不是其他，而是行为习惯和人格品德的不同。而据孙云晓的看法，人格、品德也是一种习惯。也就是说，人们成也习惯，败也习惯。

众所周知，今天中国假冒伪劣产品层出不穷，无孔不入，说假话、办虚事、多吃多占、贪污受贿现象逐渐蔓延，日益严重。为什么我们这个德育在教育中始终占重要地位的国度，在一些地方、一些人身上，如今却连最基本的道德操守都已丧失。原因可能错综复杂，但很重要的一点是，我们多年来养成教育的缺乏忽视了对个人良好习惯的教育培养，也就是我们通常所说的"教养"。古希腊的哲人就曾指出："德是表现在行为上的习惯"，"德只能在习性或制约中寻求"。

一般来说，一个人的行为习惯，就是其品德、人格的体现；国民的行为习惯，就是一个国家道德水准的体现（故有"德行"之说）。很难想象一个偷窃成性的孩子将来会是个廉洁奉公的人；也很难想象假话充斥、假货泛滥的地方能有诚信不欺的社会风尚。所以，注重养成教育，才能使德育具有根基；培养公民良好的行为习惯，才能树立起良好的道德风尚，才能为精神文明建设打下坚实的基础。而这些，应该首先从学生抓起。

学生的学习就是一种习惯，需要学生们长久地努力、坚持才能形成。

一名考取清华大学的学生在总结她的学习方法时说道："所谓方法，不如说是一种习惯，是在一定时期内在学习中不断总结、修正、发展而来的习惯。"要想找到开启成功之门的"金钥匙"，就一定要找到最适合自己的学习方法，即养成最适合自己的习惯。"今天的习惯主宰明天的命运。学生最重要的事情是学习，我觉得自己只要在学习上进入正轨了，生活上呀，与老师、同学的交流呀，自然也就随之进入正轨了。"她并不担心新环境会影响自身学习，反而觉得学习能带动对环境的适应，要做到这一点，就是让学习把自己一天的生活安排得满满的：早上 6：30 起床，随手放一段英语听力，不管什么材料，"主要是保持自己的语感"，7：20 开始早读，正式上课了，她聚精会神，并拿出笔记本记下当堂课的疑问，下课了就找老师讨论，如果问了还是没有想通，她会在放学之后又找老师"追根问底"，"总之当天的问题当天一定要解决掉""不留遗憾"，"但是，难题一定要自己先想，实在想不出了才去问老师，不能一开始就抱有依赖心理，这样的话就不可能有所进步。"有一次，因为一道数学题做不出来，她一下课就想解法，结果到放学了还是没结果，她才迫不得已请教了老师，得知答案后，她还不甘心，又询问了做这种题的技巧，然后又认真思考了自己为什么当时没能解出来，直问到自己没有一点疑问了，才罢休。回家之后，从晚上 7：00 开始做作业，尤为关键的是留出充裕的时间整理当天各科的知识点，对一天的学习进行总结和反省，"当然主要是英语、语文和理科的，政治、历史、地理、生物一般一周整理一次"，"提前预习第二天要学的知识也是必不可少的，那样

听起课来就更有针对性"。做完这些事情，她每晚大概 10：00
就能睡觉。从不熬夜，她称这样的习惯一直坚持到初中毕业，
就是初中的最后关头她也努力做到早睡早起。

从她身上我们可以看出，良好的学习习惯是学有所成的关
键。青少年朋友们要特别注意养成以下两个至关重要的习惯：

1. 养成制订计划的习惯，制订计划是为了坚持。大目标短
时间内不能很快见效，但你可以看到自己每天在努力，基础差
并不可怕，关键要坚持不懈。你可能走了 1000 步还没有看到成
功，但不要放弃，你会发现，也许成功就在 1001 步的拐弯处。

2. 主动思考的习惯，学生如果没有主动思考的习惯，好像
一部静止的汽车，是由老师推着走的，只有当你形成主动思考
的好习惯时，汽车才像打着了火，就能自己跑起来了。请记住，
良好习惯是通过每一天、每一步良好行为的积累和沉淀而实
现的。

下面总结了一段顺口溜，希望对大家有所帮助：衣服整洁
讲仪表，校徽胸前佩戴好。学习用品全带齐，按时到校不迟到。
进门下车讲礼貌，看见师生问声好。因病因事不到校，坚持请
假要做到。课前准备要充分，提前预习效果好。坐姿端正专心
听，积极思考勤动手。下课先让老师行，有始有终堂堂好。出
操整队上操场，队列做到快静齐。课间休息出教室，远望蓝天
或绿色。有益活动利身心，说笑玩耍讲文明。放学之后被放松，

独立作业勤复习。找出重点和难点，查缺补漏忘不了。

虽然，这些行为规范看上去都很细小，对于你来说只要事事用心，就能养成良好习惯。生活是一方沃土，你播种什么，就会收获什么。良好的书写习惯、良好的作业习惯、良好的纪律习惯、良好的听课习惯、良好的自我学习习惯，都会奠定我们中学时代乃至一生的的命运。美国著名教育家曼恩说："习惯像一根缆绳，我们每天给它缠上一股新索，要不了多久，它就会变得牢不可破。"

让我们将好习惯的种子埋下，用恒心去浇灌，用良好的习惯，奠基美好的人生，成就生命的精彩。

第二节　通过教育培养好习惯

最新公布的研究成果表明：养成一种习惯要经历21次简单的重复。但事实上可能远远不止于此，至少养成一种好习惯需要千锤百炼。仅仅是起床要叠被子这件事，有的孩子就是在家长的强调下重复许多次，但至今还没有养成习惯。正如培根所说：习惯真是一种顽强而巨大的力量，它可以主宰人的一生，因此，人从幼年起就应该通过教育培养一种良好的习惯。

培根在这里指出了养成好习惯的一种重要途径：通过教育，

而且必须从幼年做起，教育的过程就是我们发现并克服坏习惯的过程，就是我们与自身人生的弱点作斗争的过程。

著名教育家叶圣陶先生也说过："教育是什么，往简单方面说，只有一句话，就是养成良好的习惯……"在工作中，老师会深深地感受到小学阶段是人的成长的起步阶段，也是人的基础素质形成的开始阶段。青少年期是形成习惯的关键时期，陶行知先生在总结前人经验和自身实践经验的基础上指出，良好的习惯的养成对于学生很重要，青少年期是人格和习惯形成的最佳时期。对于形成和完善青少年个性，对于青少年的主体发展，乃至对于提高整个下一代的身心素质，都具有重要的影响。

学校是学生学习的场所，是学生最熟悉的环境，因此，培养良好的行为习惯离不开学校的教育。孩子良好习惯的形成，需要每个老师用爱心、恒心来精心培养。具体地说，学校应从以下几方面来培养学生的良好行为习惯：

1. 培养如何做人的习惯。孔子曾经教育弟子"君子之道"，就是怎样做人。做人是为人处世的一种态度，是区分善恶是非的观念，是衡量个人修养的境界。同样校园内外同学们要养成见老师问声好，楼道、教室轻声慢步，礼让先行，集体活动要注意安全……学校的教育不断地要求学生健康、文明向上，良好的习惯就比较容易养成。

2. 培养学会如何生活的习惯。养成良好的生活习惯很重要。如吃饭、睡觉、卫生、锻炼等，这些都是日常生活中最平常的行为，我们要教会学生如何形成这些良好习惯，如何控制饮食，不暴饮暴食，如何注意饮食上的卫生等，帮助他们了解这些常识。

3. 养成如何学习的习惯。学生最重要的是学习和生活，因此，学生一定要学会如何养成正确的思维方式和良好的学习习惯。培养良好的学习习惯，需要从细节一点一滴开始抓起。在素质教育下，学生良好学习习惯的养成，必须要从细节开始。如在教学中的很多细节：坐的姿势、读书姿势、听课以及书写的习惯等，教师要注意在这些细节中帮助学生养成好习惯。

4. 养成如何讲究卫生的习惯。平时要勤洗手，开窗保持空气流通，勤晒被褥，勤剪修指甲，勤换床单，卫生工具要放在特定的位置，保持地面的干净等。

人们常说提高全民族素质，但素质教育不是抽象的概念，它应表现在学生每天的学习、生活中，应该说，培养良好的学习习惯和行为习惯是素质教育的重要内容。实践证明，具有良好的学习、行为习惯是迈向成功的基石，它将使人终身受益。所以说，作为一名教育者、管理者，必须把培养学生良好习惯当成工作的重要组成部分，不断研究，不断提高。正如教育家所说，教育就是培养习惯。习惯决定命运，习惯影响成败，好习惯终身受益。的确，作为教师，每天教学生，除了给学生传授知识外，还有一个更重要的工作，就是培养学生良好的学习习惯和行为习惯。在这方面，教师们花费了大量的时间和精力，使无数少年青少年身心得到了健康发展，茁壮成长。《师说》告诉我们："师者，所以传道、授业、解惑也。"很多人认为，学生能否养成良好的道德习惯和行为习惯，老师起着重要的作用。既然培养学生习惯在育人内容中占有如此重要的位置，那么应如何培养学生的良好习惯呢？

教师在青少年良好习惯的培养中，应共同遵循以下几条原则：

一、晓之以理，动之以情，用心沟通

要培养学生的良好习惯，就应该把他们必须养成良好习惯的道理、意义向他们说明，让学生明白道理，只能慢慢诱导、启发学生，不能压制学生，要发挥青少年的主动性，道理要天天讲，反复讲。使学生真正提高认识，然后付诸实践。曾有人提出，培养学生良好习惯有几个重要指标，其中一条是遵守规则，里面包括遵守校规和遵守班规。有的学校规定，学生放学离校时，不能骑自行车出校门。要求学生遵守，但事先必须向学生讲清这条校规的道理。因校门与门前的公路呈"丁"字状，校门左后方是个手肘弯，上行方向的车辆驾驶员看不到校门口，极易造成交通事故，通过多次向学生说明和现场模演，学生明白了道理，日子长了，便成了习惯，因此，学生在上学、放学途中从未发生过交通事故。学校安全教育的成效便显现了出来。

二、创造氛围，营造环境，导之以行

学生良好习惯的培养，如同学习方法的掌握，需要教师的指导。如：卫生习惯的培养就是很好的例证。校园里，过道里总是有人乱丢纸屑、包装袋，看起来极不雅观。有的人宁愿在上面跨过去也不愿捡拾。老师自身就要有个好习惯：见到垃圾就弯腰。其实这只是举手之劳。这样捡拾的次数多了，学生看在眼里，萌发在心里，也就会自觉地行动起来。这样经过长期的训练，就形成了良好的习惯，因此校园面貌也就大大地改观。家、校结合在教育过程中是必须注意的，学生的一半时间在学校度过，还有一半时间在家里度过。他们接触社会的机会不多，因此教师应加强与家庭联系，共同培养学生良好的习惯。家庭是孩子成长的第一所学校，父母是孩子的第一任老师，家庭环境的好坏直接影响孩子的身心能否健康发展。好，并不是指富裕的家庭环境，而是指家庭人员的道德品质、行为习惯好，家庭的氛围有利于孩子的身心发展。所以教师要在日常生活中言传身教，培养学生良好习惯，需要时可以和家长进行沟通，及

时提醒家长对学生养成良好的行为习惯进行督促。在开学伊始，老师们应组织召开家长会，成立家长学校，建立与家长之间的联系。告诉每一位家长，如果孩子生活在批评中，便学会谴责；如果孩子生活在敌视中，便学会好斗；如果孩子生活在鼓励中，便学会自信；如果孩子生活在受欢迎的环境中，便学会喜欢别人；如果孩子生活在友谊中，会觉得生活在一个多么美好的世界。建立良好的家庭环境，能使孩子身心健康成长，家长的言行对孩子的影响是非常大的。通过与家长沟通与联系，班里的孩子大都能养成良好的学习习惯和生活习惯。同时，老师也要多为学生争取一些接近自然和社会的机会。

三、持之以恒，加大力度，反复训练

培养好习惯贵在持之以恒。习惯是经过反复而形成的自动化了的动作行为，它不是一朝一夕就能形成的，必须有一个过程。有句话说得好"行为日久成习惯，习惯日久成性格，性格日久成命运。"任何良好习惯的形成都要经过反复多次的锻炼，一次、两次、三次、四次的去做是不能形成习惯的，要持之以恒。要学会持之以恒，就要目标始终如一，不能见异思迁。

制定规范，强化行为。良好的习惯往往都是经过正确引导或强化训练而形成的，给学生制定一些行为准则，用这些行为准则，对他们的良好行为给予肯定，对他们的不良行为给予约束，通过正面强化来形成良好习惯。因此，制定规范能够强制学生反复演练某些良好的行为，使之转化为习惯。

养成良好习惯不能一蹴而就，要使学生养成一个良好习惯，需要及时且反复地纠正学生的不良习惯，反复纠正才能形成自然。每纠正一个不良习惯就等于培养起成功教育从习惯养成开始，教育的核心不只是传授知识，而是学会做人。习惯是一个人存放在神经系统的资本，一个人养成好的习惯，一辈子都用不完它的利息。

面对每天的预习、复习、测试，单调而又枯燥无味，即便坚持一段时间，测试成绩也不见得立竿见影。如果此时学生气馁、放弃，必然前功尽弃，良好的习惯就很难形成。教师如何在学生最脆弱的时候适时给予帮助呢？我认为在学生学习的过程中，老师及时指出学生的错误、并帮助其纠正错误固然重要，但同时让学生不断感受到自己学习上的成就更重要。所以在学习的过程中教师要善于发现学生的闪光点，适时表扬学生，激励学生。让学生品尝到成功的喜悦，从而激发学生的学习兴趣。因此我们老师要注意培养学生的意志力，激励学生坚持下去，不可半途而废。

要形成好习惯，师生都应作长远打算。师者，须允许学生习惯形成有个过程；生者，须一步一个脚印，不要图快。师生须密切配合，老师督促学生认真练、经常练，有的班一开学就规定每天早晨 7：10 到校早读，刚开始，迟到的不少。班干部、班主任根据班规狠抓、狠管。两周后，缺席现象极少。一个月后，迟到现象消失。要指导学生去做，多次练习，天天如此，好习惯就养成了。总之，必须深知好习惯的养成绝非一朝一夕的事情，"积日累月地练，练到非常熟，再也丢不了"也便成了习惯。正所谓习惯成自然。历练成习不仅是培养良好行为习惯的必要途径，也是培养其他良好习惯不可缺少的通道。对于每个人而言，习惯养得好，终身受其益。循序渐进，培养学生良好的习惯不能贪多求全，而应有计划地一步一步地实施，一个习惯一个习惯地形成。例如，刚入学时就要求学生书写认真，让学生形成一个良好的书写的习惯。随着学习内容的升级与年龄的增长，要求学生做作业认真仔细，形成做事严谨的良好习惯。要看到学生身上一天一天的进步，进行鼓励。不要稍有不慎，先劈头盖脸一顿批评。逐渐培养学生的良好思考习惯。不要一遇难题就溜之大吉。这些良好的习惯都是在循序渐进中形成的。当然，学生良好的习惯，不仅仅是包括学习习惯，还包括很多其他方面的习惯，都是这样，慢慢培养。注意第一次，以后不要有例外。养成好习惯难，养成坏习惯易。做父母或老师的要使孩子养成良好的习惯，在好习惯未成的时候，不准他们有例外的动作。一个小小的例外，就可能破坏已成之习惯。

四、严于律己，以身作则，榜样示范

　　教师要给学生树立良好榜样，学生在学习中接触最多、关系最密切的莫过于老师了，学生特别喜欢模仿，他们从模仿中学习。教师在学生心目中有着一定的威信，教师的行为习惯经常成为学生的模仿对象，家长经常会从学生的口里听到一句话："我们的老师是这样说的。"在这里，我要提出的是教师在要求学生养成良好习惯的同时，自己也要养成良好的教学习惯，教师应以身作则，使学生在学习中受到潜移默化的影响，学生良好的学习习惯才能得以养成。

　　老师在学生心目中的地位是很高的，他们常常把老师当成"偶像"，会以老师的言行作为自己的言行楷模。所以，老师必须处处以身作则，为学生做出正确的榜样示范。正如乌申斯基所说的那样："在智力和教育上得到教育，获得发展，任何办法、任何纪律、任何规章和上课时间表都不可能人为地代替人格的影响。对幼小的心灵来说，这是任何东西都不能取代的宜人的阳光。"不是还有这样一句话吗，"其师身正，生不令而行，身不正，虽令不从。"可见，本身的言行及个人的人格魅力，对学生良好习惯养成不可小觑。在教学工作中，老师应懂得，要求学生做到的，首先教师必须做到。要培养学生的良好习惯，首先自己要做学生的表率，如培养学生良好的卫生习惯，自己必须做一个讲究卫生的人，每天穿着整洁，上课用抹布把讲台擦干净，脏东西不乱丢，板书注重干净整洁，学生渐渐地形成讲卫生的好习惯，平时做作业也能认真书写，注意整洁。再如要求不迟到，那么教师每天或每节课就一定要走在学生的前面；要求学生按时完成作业，那么教师应及时批改作业；要求不乱丢果皮纸屑，教师首先要做到不乱丢果皮纸屑。诸如此类，教师的言行举止要成为学生的楷模。因为，学生是在经常地不断地模仿老师。老师的一言一行，一举一动对学生习惯的形成，学生的成长进步起着极其重要的作用。

五、培养好习惯，要多表扬学生

在每个班集体中，都有一部分学生学习基础比较差，多一个好习惯，就多一份修养；多一个好习惯，就多一份自信；多一个好习惯，人生中就多一份成功的机会；多一个好习惯，我们生命里就多了一份享受美好生活的能力。作为教育者，就要努力地培养学生良好的学习习惯，在学生成长的旅途上助他们一臂之力。

老师也可以进行舆论宣传，加强认识。首先培养一个好习惯之前必须让学生思想上认识到该习惯的益处，这就要反复做思想工作，逐渐在学生头脑中形成一个观念：这个习惯有这么多益处，赶快养成这个好习惯吧。其次树立榜样也是加强宣传的有效手段。让榜样起到示范作用，来激励那些正要或将要养成好习惯的学生。

六、培养好习惯，要致力于激发兴趣

孔子曾经讲过："知之者不如好之者，好之者不如乐之者。"要使学生形成良好的习惯，光靠教师的"管"是不行的。关键是激发学生的内部诱因，也就是说要激发学生的学习兴趣，因为兴趣是推动学生求知的内在力量。一旦有了学习兴趣，学生的学习态度就会发生从"要我学"到"我要学"的质的转变。一旦有了"我要学"的渴望，学生就成为了学习的主人，也就有了学习自觉性。学生就会全身心地、积极主动地去学习，同时也会体察到一些不良习惯的消极作用，这就是培养好习惯的最佳时机。

所以教师在课堂上可以引用一些实验、故事、趣闻，主动与学生讨论，激发他们的学习兴趣。例如：在讲到大气压强对沸点的影响时，可以向学生提出这样的问题：将一杯水放到常温下、真空环境中将会出现什么现象？学生最容易想到的是由于压强小了，水会沸腾。为了检验学生的想法是否正确，可以做一个演示实验：用玻璃罩将水杯罩住，将里面的空气抽出，让学生观察在空气不断抽出的过程中有何变化。学生就会看到：水剧烈沸腾一会儿之后就结冰。当学生发现亲眼看到的与自己原先判断有差别时，就会激发他的好奇心，于是积极地思考、分析原因：因为压强小了水剧烈沸腾，又由于剧烈沸腾带走大量热量，所以水会结冰。这样在不知不觉中培养了学生好动脑、勤思考的好习惯。

七、培养好习惯，要从细节做起

老子《道德经》中有这样一句话：合抱之木，生于毫末；九层之台，起于垒土；千里之行，始于足下。所以培养学生的良好习惯应该从学生的一言一行、一举一动抓起，这是培养习惯的着力点。在教学中有许多的"细节"，例如：课堂上学生的听讲表现，包括坐姿要端正、精神状态要饱满、回答问题要响亮等等，教师在教学中要从这些细节中培养学生的好习惯。

总之，学生良好习惯的养成，对学生道德品质的形成，对他们的命运都起着决定性的作用。教师必须付出艰苦的、不懈的努力，去培养学生的良好习惯。

对于学生老师应培养那些方面的习惯以及怎样培养呢？

1. 学习习惯

学习习惯源自生活习惯，良好的生活习惯源自严谨规范的生活作风和务实求是的生活态度。"学习习惯是生活习惯的再现。"一个有良好生活习惯的人，学习习惯不会差到哪去；一个生活上松散、疲遢的人，怎么可能会在学习中有严谨的作风和务实的态度。因此，培养孩子良好的学习习惯应该从培养良好生活习惯入手。"习惯是一种巨大、顽强的力量。"好的习惯会使人终生受益。

培养良好学习习惯的目的在于提高学习能力。作为老师，培养孩子良好的学习习惯，目的很明确，也很简单，就是希望孩子能够在目前的小学、随之即来的中学、还有点遥遥无期的大学的学习过程中，能胜人一筹，至少能在某个方面表现出高人一等。说白了，就是要有比常人更强的学习能力。

很多人认为，学习能力的核心在于注意力、记忆力和综合分析能力。儿童的学习能力培养应着重放在注意力和记忆力的提高上。

注意力的实质就是自我控制的能力，是学习的必需能力之一。提高孩子专注度的含义有两层：一是使孩子静下心来，二是孩子静下心后能投入地去做某一件事。

（1）培养认真听讲的习惯。首先，为了培养学生上课专心听讲的习惯，先应要求学生听课时不要思想开小差或做小动作，集中注意力；其次，要求他们认真听其他同学回答问题，仔细研究他们回答得是否正确，有没有需要补充的；再次，要仔细观察老师的演示和板书，并按老师的要求认真地操作学具，做好练习。为了使学生上课专心听讲，吸引注意力，教师讲课要精神饱满，语言生动有趣，条理分明，方法灵活多样，力求使课堂教学引人入胜，使每个同学都乐意听讲。

（2）培养认真完成作业的习惯。完成作业，是学生最基本、最经常的学习实践活动，是学生巩固知识、形成技能的主要手段。要求学生从小就养成：规范书写，保持书写清洁的习惯；独立思考，独立完成作业的习惯；养成认真审题，仔细计算的习惯。

（3）主动学习的习惯可提高学习的效率，我认为是孩子自己的事就尽量让他们自己做，家长不要包办。有些家长看孩子动作太慢，就帮孩子做，这样他永远也快不了。从慢到快肯定要有个过程，有些题目孩子不懂，家长要耐心地解释题目的意思，鼓励孩子不懂就问。

（4）培养学生善于质疑的习惯。爱因斯坦说过：提出一个问题，往往比解决一个问题更重要。问题是学习的心脏。在学习过程中，要逐步培养学生自主探究、积极思考、主动质疑的学习习惯，让他们想问、敢问、好问、会问。学生质疑习惯的培养，也可从模仿开始，教师要注意质疑的言传身教，教给学生可以在哪儿找疑点。一般来说,质疑可以发生在新旧知识的衔接处、学习过程的困惑处、法则规律的结论处、教学内容的重难点及关键点处,概念的形成过程中、解题思路的分析过程中、动手操作的实践中;还要让学生学会变换角度,提出问题,激发孩子的识字和阅读兴趣,现在有不少家长已经发现生字教学越来越难,如何让孩子对学习生字感兴趣,不仅是老师的责任,也是家长的责任。平时,随时随地都可以让孩子识生字,比如:上街,可以和孩子一起看路边的招牌;逛商场,认识商品标签上的事物名称等等。这样,孩子识字的兴趣可能会更浓。识字能力增强了,阅读才有可能进行。

2. 行为习惯

老师要与家长沟通好,多多给予他们一些建议。让家长来更好地配合自己的工作。

(1)"走路不追不跑,伸手不撩不打,说话不喊不叫",培养孩子的文明行为,确保课间安全。建议家长为孩子准备好毽子、橡皮筋、沙包、短绳等健康、安全游戏用具。

(2)敢作敢当,勇于承担责任。老师建议家长和孩子一起对上一周的学生生活做一个小结。给孩子分配一项力所能及的家务活。

(3)帮助孩子找准至少一个有意义的可实施的兴趣爱好,帮助孩子树立一个远大理想。

（4）记得时刻问孩子要礼貌语言，经常和孩子一起玩耍，在玩耍中增进感情。

（5）懂得感恩，让孩子拥有一颗感恩的心。

3. 文明习惯

（1）要求学生语言文明。语言是交际工具，是人的心声的表露。平时我们一定要教育学生掌握礼貌用语和体态用语。礼貌用语为：对长辈或向问话的对方表示尊敬要称呼"您"；请求别人帮助要用"请"；别人帮助了你要"谢谢"；当别人感谢你时要说声"不客气"；当妨碍了别人时说声"对不起"；给别人添了麻烦时说声"麻烦了"；早晨见面时要问声"您早"；午后见面时要问声"您好"；当与别人分别时要说声"再见"、"欢迎您再来"等等。体态用语用微笑、鞠躬、招手、鼓掌、右行礼让，回答问题起立等。要告诉学生在交谈时语气要温和，语调要平稳。

（2）教育学生在行为上要做到孝敬父母，尊敬老师，关心他人。要教育学生懂得自己的成长离不开父母的养育。孝敬父母是子女应有的纯真感情。在这方面，我们应向老一辈革命家朱德同志和陈毅同志学习。孝敬父母，首先要在思想上听取父母的教导和指点，其次在生活上要关心体贴父母，尤其对于体弱多病的父母，要更加体贴、关心和照顾，积极主动承担家务劳动，做自己力所能及的事。外出时，要向父母说明去向、理由和所需的时间，并且要按时回来。如果由于某种原因，不能当面打招呼时，可以给父母写留言条或委托别人转告父母，回来后主动向父母打招呼。我深感一个具有良好班风班貌的班集体，一定具有凝聚力、吸引力，一定会给学生提供一个良好习惯养成的环境氛围。好的班主任就是通过抓良好习惯的养成，使班风班貌得了整体发展，每位学生都能把班集体的荣誉与自己的行为紧密结合，都想为集体争光。因此，学生不但成绩和学习习惯好，而且学生的能力也得到了发展，在各种比赛中都取得优异成绩。

第三节　好学生要有哪些好习惯

一、要有正确的读书写字姿势

有一位学生，由于从小不注意读书、写字的姿势，等他16岁的时候，脊椎骨弯曲得很严重，医生说再不动手术，会压迫心脏，甚至会影响生命。

培养学生端正的坐姿、读书姿势、写字姿势，不仅有助学生健康成长，也有利于培养学生养成良好学习习惯。有效纠正错误姿势，确保学生正确用眼，减少对颈椎和腰椎造成的压迫。因此从现在起，就应该培养学生正确的姿势，塑造健康美、形态美。

现在的学生课程作业多，每天都要十来小时看书写字，如果用眼不合理久而久之就会形成近视，因此学生在看书写字时要做到三要、三不要和三个一。

三要：读书写字的姿势要端正；看书写字 40 分钟眼睛要向远眺望；课间要坚持做眼保健操。

三不要：不要在过强或过弱的光线下看书；不要在走路或坐车时看书；不要躺着看书。

三个一：一尺、一拳、一寸。眼睛看书保持距离一尺；胸部离桌距离一拳；手指距离笔尖一寸。

1. 纠正坐姿。孩子在读书写字时，首先要求他们纠正坐姿：头正、肩平、身要直、胸稍挺起，两肩下垂，两条大腿要自然平放椅面上，小腿并拢，双脚平放地面上。

2. 纠正读书姿势。双手捧书本，书本上端抬高和桌面成 45 度角，头稍朝前倾，这样不仅为了看清字体，还能避免颈部肌肉过于紧张和疲劳。把书竖直及平放在桌上都是错误的。正确的读书及听课姿势要求：腰板挺直，坐姿端正，背部不弯曲，胸部稍挺起，手臂下垂，大腿自然平放椅面，腰部靠椅背，小腿直立着地面，也可稍向前伸一些。

3. 纠正写字姿势。正确写字姿势：作业本要平放，头正、肩平、背直，胸离课桌大约一拳，眼离本子距离一尺，两臂平放在桌子上，左手按住本，右手执笔。用右手拇指和食指来握住笔杆的下端，距离笔尖大约一寸，同时用中指在内侧支住笔杆，无名指和小指抵住中指，握笔杆松紧要适度，笔杆上端稍向右偏，紧贴在虎口上，与纸面成45度角。

好习惯的养成并非一朝一夕，也不是只靠老师就能管教好的，必须要有家长共同督促，家长们更要关注孩子的姿势，让孩子们从小就养成一个好的习惯，这样，不仅有利于孩子们的身体发育，还能减轻他们的疲劳。

二、课前预习要做好

三年级的莉莉说，每当上完一节课后，对于那些陌生的新知识总是把握不准，没有太多的印象和理解。她觉得，主要是因为在听讲时，思维出现了"问号"现象。比如，在自然课上老师讲到电的问题时，她的脑子里不停地闪现她家里的电灯、电话线被拆开后是什么样子，而老师讲的那些知识重点却没有认真听。

后来，莉莉说，针对这个现象，她总结出了一个很好的应对方法，那就是：做好课前预习。如此一来，学习效果真的提上去了。

　　预习，就是课前的自学。指在教师讲课之前先独立地了解新课内容，初步理解将要学的内容，它是上课前做好接受新知识的准备过程。很多学生没有预习的习惯，因而对老师上课将要讲的内容一无所知，只是坐等听课。

　　预习作为一种良好的学习习惯，能培养学生自学的习惯及能力，能有效提高学生的独立思考能力。叶圣陶老先生曾说："学生通过预习，自己阅读课文，得到理解，当讨论的时候，见到自己的理解与讨论的结果相吻合，就有了成功的快感；或者看到自己的理解与讨论结果不相吻合，就作比量短长的思索；并且预习的时候绝不会没有困惑，困惑而无法解决，到讨论的时候就集中了追求理解的注意力。这种快感、思索与注意力，足以激发学生阅读的兴趣，增进阅读的效果，有很高的价值。"预习的重要性可以从下面几点体现出来。

　　1. 课前预习有利于学生听课时随老师讲课的思路走。学生通过预习能够对听课内容进行选择，明确知识要点的主次，加强理解和消化，做到心中有数。

　　2. 课前预习有利于学生弄清重点难点所在，要带着问题听课，从而注意力集中到重点难点上。这样，疑惑易解，听起来就比较轻松、有趣，学起来就会变得顺利、主动，学习效果也会提高。

3. 课前预习能帮助学生发现自己知识上的薄弱环节，在上课前补上掌握的较弱的知识，不使它成为听课时的"拦路虎"。这样，就会顺利理解新知识。

可见，课前预习非常重要，预习作为整个学习过程中至关重要的一环，甚至从某种程度上说，比课堂学习和课下练习重要得多。那么，要怎样搞好课前预习呢？

1. 学会独立地了解整个新课内容，尽力把即将要学的内容了解一遍，如果有时间，还可以2~3遍推究，努力掌握新课内容的基本意思。

2. 注意记下重点难点，每一课程都有重、难点，预习中必须给予注意及掌握，可以选择在课文上用红、蓝笔作上记号，也可以用笔记本记下，以便上课时着重听老师讲解。

3. 翻阅相关的辅导书籍，辅导书对学生要学的课文都有专门的注解和辅导，重点难点也有提示，是帮助学生进入学习之门的良师益友。

4. 简单地做做习题，每课后面都会有习题，你可以在上课前选择一些做一做，看哪些会做，哪些不会做，做到心中有数，通过老师最后讲解，不会做的习题就变得比较容易弄懂。

三、课堂上要积极发言

2006年曾经在哈佛中国学生峰会上出现过惊人一幕：组织

者是一位哈佛大学的学生，他为创造轻松活跃的课堂气氛，曾经踢掉自己的鞋子进入了课堂，但就是这样的一个举动仍没有激起中国学生的踊跃发言，冷场的时候，哈佛学生不得不无奈地说："我求求你们，请举手吧。"

不质疑、不举手、不发言，这是中国教育的一个很严重的问题。随着学生年龄的增长，举手发言的人数变得越来越少。不仅是那些学习不理想的学生不举手，就连很多学习成绩优秀的同学，上课也总是保持"沉默是金"，要见到他们高举的手太难了。

积极举手发言对提高课堂的学习效率有着重要的作用。青少年应该从小就要养成积极举手发言的好习惯。无论什么课，要争取多举手多发言，举手发言有以下几点优势：

1. 提高学生口头表达能力。课堂上积极主动举手发言不仅帮助学生弄清了思路，也帮助学生提高了口头表达能力，锻炼了学生的口才，对今后人生有重要意义。

2. 发言的过程有助于增强学生的记忆。学生积极发言会很自然地就把那些需要理解掌握的东西记在心里。到复习时，只需一看书，所有的记忆便很容易记起，无须死记硬背。

3. 举手发言能促进学生积极地思考。举手发言重要的一环是"听"，当学生要谈自己的理解时肯定会积极思考，边思考边总结，这样既训练了思维也加深了对教材的理解。

4. 学生上课积极发言有利于维持注意力，锻炼言语表达能力，可以很好地培养学生的自信心。

不过，由于以下几点原因导致了学生不能主动举手发言：

1. 学生胆小。这种学生胆子较小，害怕说错话，或者曾经因为说错而遭过教师的批评及同学们的嘲笑，所以心理压力较大。

2. 学生害羞。这种学生性格比较内向，不善言辞，课上不能独立思考，也没有举手发言的胆量和勇气。

3. 学生学习态度有问题。这类学生一般上课注意力不集中，不能积极进行思考，主观上也不想回答教师所提问的问题。

4. 学生爱面子。这种学生平日里比较爱面子，上课不会轻易举手发言，担心万一说错会有损自己的颜面。

为了鼓励学生积极举手发言，教师要具有亲和力，学生表现为被动听课，很大一部分原因是学习的内容实在枯燥乏味，所以教师备课时要多一些趣味性知识准备，课堂上讲话要抑扬顿挫，表情丰富，引起学生浓厚的学习兴趣，调动学生认真学习的积极性，培养起学生课堂专注倾听思考的习惯。学生注意力集中，才有可能思考、才会有疑问、有所想法，才会激起想要发言的欲望。同时，教师还要帮助学生克服害怕的心理。对于那些天生胆小，一站起来就会紧张说错话的学生，一定要打消他们的思想顾虑，当学生出错时，告诉学生，课堂允许出错，并给予那些敢于发表自己看法的同学赞扬和鼓励，建立他们的自信心。久而久之学生就会培养起课堂积极举手发言的好习惯了。

四、听课要专注

学生学习知识发展能力的主渠道是课堂的学习，而听课则是学生课堂学习的关键。培养学生听课专注认真的良好习惯，不仅可以有效地提高课堂的学习效率，而且可以培养学生养成做事持之以恒的好习惯，使他们受益终身。

李刚今年上四年级，刚开学上课时老是不注意认真听讲，喜欢开小差，爱做小动作，经常遭到老师批评。第一单元测试，他的成绩很不理想。过后班主任与他进行交流，向他指明了成绩不理想的原因是听课不认真，告诉他以后只要他上课认真听讲，相信他会比其他的同学棒。慢慢地，李刚上课能认真听讲了，老师一次次地鼓励他，他就越自信认真。在第二单元测试中，他居然得了第一名。这不仅让李刚品尝到了好习惯带来的成功喜悦，也让他深刻地体会到良好听课习惯的重要性。

很多学生上课时好动、注意力分散、持久性差。不能专注倾听老师上课所讲的内容，导致老师精心准备的教学内容常因为频繁提醒、督促学生认真听课而无法圆满完成，使教学效果不佳，教学效率降低。学生上课不认真听讲有以下两点危害：

1. 学生上课不认真专注听老师讲课，会导致学生失去知识的连续性，造成学生以后学习的更大困难，当有朝一日学生醒悟过来想学习时，很难再回到专注认真的良好状态。

2. 学生上课不专注，迷上课堂以外的东西，比如电子游戏、看小说等。刚开始时，还会因为浪费学习时间而后悔，但久而久之再想到听课的难度时，就想逃避。这些想法的不断交替，会造成学生更大的心理压力，让学生产生焦虑、厌学等不良习惯，最终失去学习兴趣。

因此，培养学生专注认真的良好听课习惯，让学生40分钟积极主动地投入学习与活动就显得尤为重要。总的要求是要教师抓住各学科的不同特点，让学生带着问题听课，听清讲课内容，记住要点关键，着重掌握思维方法及释疑的过程与结论。具体指导要求：

（1）教师要营造和谐开放的学习氛围。让学生愿意认真听课："亲其师而信其道"，要使学生认真听课就要使学生亲其师，要求教师对学生要带有热情和爱心。在民主、和谐、开放的氛围中，提高学生的求知热情，这样才能使学生全身心地投入到学习中去。

（2）提倡学生积极思考。让学生主动专注听课，就一定要鼓励学生勤于动脑，积极思考。在学生的学习中，如果一个人的思维状态能够始终保持积极，那么，他的注意力及专注力也就能在较长时间内保持高度的集中。

（3）教师要经常督促。让学生坚持专注认真听课，定期进行积极的鼓励、评价才会初见效果。当看到学生听课注意力有一些进步时，教师要及时给予表扬与积极的评价，这对调动学生学习的积极性有举足轻重的作用。

五、作业要及时完成

作业是学生对学过的知识的总结和巩固，完成作业是学习过程中很重要的一个环节。作业不做或没有及时完全做完，课后复习巩固达不到效果，教师也不能及时得到教学效果的反馈信息。作业一次做不完，影响一天的学习；次次完不成，影响一册书的学习及掌握。长此以往，日积月累，就会影响到学生整个学期甚至是整个学年的学习成绩。及时完成作业有以下几点好处：

1. 及时完成作业可以加深对课堂所学知识的理解和记忆。通过课堂知识的学习，可以初步掌握新知识。而作业是对知识的主要应用，使新知识不再只是一种死板的公式或空洞的文字。做作业还可以不断地巩固知识，知识一般是用得越多，记忆得就越久。

2. 及时完成作业可以及时检查学习的效果。知识究竟有没有被学生掌握，会不会应用，要在学生做作业时通过对课堂知识的应用，才能得到检验。

3. 及时完成作业可以为学生复习积累资料。作业题一般都有很强的代表性、经过精选的，具有典型性。因此，做过的习题要好好珍藏，定期进行整理，作为以后复习时的参考资料。

4. 及时完成作业可以提高学生的思维能力。学生做作业时，面对作业中出现的问题，在分析和解决的过程中，就会引起积极的思考，不仅应用了新学的知识，而且思维得到了锻炼。

16岁的宋宇航在回忆考试失败的教训时说，自以为学到的知识都已经学懂了，对老师布置的作业很不在乎。平时一放学回家就过于贪玩，玩得天昏地暗，到交作业时才知道作业还没做好，有时甚至都没做作业。这样对自己学习的真实情况没有正确的了解，还盲目，结果在一次的考试中一败涂地。

及时完成作业的好习惯是如此重要，因此青少年一定从小就要养成。对于那些学生不及时完成作业的情况，可采取以下对策：

1. 建立友好的师生关系。俗语道：亲其师，信其道。学生只有充分信任老师，才能与老师推心置腹地进行交流，才会向老师诉说他们的烦恼和困难，老师才能打开学生的内心世界，把握他们的思想动态。

2. 作业布置后老师要及时验收，教师没有及时收作业，没有及时批改，学生就不能得到及时反馈，有些学生就觉得没有压力，交不交都一个样，久而久之就不做作业了。

3. 家长要给予正确的教育。很多父母把孩子当成家中的"小王子"、"小公主"，一家人围着孩子转，整天哄孩子开心，舍不得让孩子吃半点苦，怕孩子生气，更不敢监督孩子及时完成作业。

4. 及时纠正以防蔓延。教师一旦发现有个别学生不能及时完成作业，立即批评教育，并督促他们当天及时补上，可以罚做一些适量的作业。

六、开卷有益要牢记

高尔基先生说过："书籍是人类进步的阶梯。"多读书，读好书能带给人许多好处。

读书的好处举不胜举：书可以净化心灵；书可以使人理智；书可以使人放松心情；书还可以给人们精神鼓励……

有一个孩子在汶川大地震中受了重伤，沉重的水泥板压住了她的腿，使得她动弹不得，她当时心情是既害怕又寂寞。可这个小姑娘并没有被害怕与寂寞吓倒……当她被救援人员找到时，人们惊讶地发现，她认真地在废墟里看书，手里打着一个手电筒，而她身边的同学已经失去了生命。记者问到为什么在这种时候读书，她说："我害怕，书帮我克服了害怕，帮我渡过了难关。"

开卷有益，书，能给人无穷的力量；书，是人类的良师益友；书，是人们成长路上不可缺少的伙伴。多读书能给人知识和智慧，陶冶情操。

开卷有益大致体现在以下几点：

1. 多读书有助于学生提高写作水平，只有多读书，读好书，多体会，学生的语言库存才能变得丰富，语言品位才能提高，写文章才会生动有趣，使人回味无穷。

2. 多读书可以让学生获得一些课外知识。培根说过："知识就是力量。"不错，多读书，不仅可以巩固学生已有的知识，还能增长课外知识，让学生感到浑身充满了一股力量。

3. 多读书可以使学生变聪明，有智慧去战胜困难。书让人变得更聪明，让人变得勇敢地面对困难。书籍可以让学生用自己的方法来解决问题。这样，他们又向自己的成长道路上迈出了一步。

4. 多读书也能愉悦学生心情。读书是一种休闲，一种娱乐的方式。读书可以调节身体的血管流动，有助于身心健康。

开卷有益，只有养成多读书的良好习惯，才能使学生形成健康向上的道德情操。青少年时期，学生的时间较为充足，正是培养学生读书习惯的最关键的时期。学校及老师必须要保证学生每天都有一段独立安静的阅读时间，保证学生能静下心，沉浸书中，仔细阅读享受。另外，学校还要努力营造读书大环境，使学生受到读书氛围的熏陶，产生内心想要读书的欲望。

俗话道："风日为益友，读书是良师"。是啊，读书有这么多的好处，生活中一旦少了书，是多么乏味无趣，让我们一起牢记开卷有益，多读书，好读书，读好书吧！

七、要持之以恒写日记

一本日记，像一幅多彩多姿的画卷，帮你记下生活的脚印；是一部自我成长的记录本，它伴随着你生活、成长，并且会记下你生活中经历的有趣有意义的事情，记下你的言行举止，记下那些使你深受感动永远留在你心中的故事。

《徐霞客游记》是我国著名地理学家徐霞客编写的，是他考察名山大川时写下的 1 070 天的日记编著而成的。这本书，不仅丰富了我国科学文化，也给世界地理学增添了光辉的一页。

一位陈老师回忆道：上小学的时候老师让我们写日记，因为他评语中的鼓励，我从此爱上了写作。工作后，我就让自己的学生坚持写日记，连续坚持了两年，结果取得了很显著的成效，就连当初最怕写作文的学生，在毕业时，也将自己曾经的日记精心编成一本书，作为一本美好生活的纪念册。

其实，学生爱上日记，把日记当作朋友，是一件非常有意义的事情。

1. 写日记可以增强文学素养，巩固文学功底，帮助写出一手好文章。

2. 写日记能帮助我们记录回忆，当我们翻开日记的时候，往日重现，能帮助我们回忆起曾经度过的美好时光。

3. 写日记可以帮助我们思考生活，思考人生，学会用理性的思想及感性的认知来认识生活，树立正确的人生观和世界观。

4. 写日记可以帮助我们抒发心里的感受，教会我们发现生活，感悟生活，学会感恩，有利于心理的健康。

"好记性不如烂笔头"，用笔把一天看到的，听到的，感受到的，做到的，想到的记录下来，就等于把它们储存在记忆中了，等再过20年、30年甚至50年，那时翻开日记本，被带到那美好幸福的回忆中，使你更加热爱生活。日记如此重要，那么到底如何去激发学生写日记的兴趣呢？

1. 适度及时的表扬。学生刚开始写日记时，会有诸多不足之处，教师应不断地给学生以激励，要及时发现学生的优点，增强学生对写日记的兴趣和自信心。

2. 引导学生平时多观察，从现实的生活出发，可以让学生记录眼前发生的事情，这是激发学生写作兴趣的好时机。

总之，写日记，贵在坚持。老一代革命家陈毅同志外出视察甚至是出国访问时，百忙之中，还每天坚持写日记。我国著名的科学家竺可桢坚持写日记，十年如一日，竟写了五十多本。逝世前一天他还写下当天的气温及风向，这是多么顽强的毅力！青少年同学们更应当以顽强的毅力，持之以恒，把写日记这一项有意义的工作努力坚持下去。

八、要掌握好的学习方法

著名科学家爱因斯坦曾总结自己伟大成就的公式是：

$W = X + Y + Z$。他说："W 是指成功，X 是指刻苦努力，Y 是指方法正确，Z 是指不说空话。"德国伟大哲学家笛卡儿也说过："最有价值的知识是关于方法的知识。"由此可见，方法是获得成功的重要法宝。

小雪总结她的学习经验说："以前每次考试总是考 70 多分，自己也是很努力，可是成绩老是上不去，非常让人烦恼。不过现在，我每次考试成绩都在 90 分以上，好几次都还是 100 分呢！成绩提高的原因就是我用了我的法宝：合理地安排时间。"

无数事实证明：只有科学的学习方法才能使学生的才能得到充分的发挥，学生才能越学越聪明，才能提高学习效率和培养学习乐趣，从而节省大量的时间。而不得当的学习方法，会阻碍学生的发挥，只能是越学越死，导致学生学习效率低。

到底如何才能掌握科学的学习方法呢？下面讲 6 个方面的学习方法：

1. 要激发学生学习的兴趣。同学们要认识到，学习是一件乐趣无穷的事，学习帮助我们开发了智力，培养了能力，帮我们了解世界，只有对学习有浓厚的兴趣，才可能学好。

2. 树立明确的学习目标。做任何事都要有明确的目标，学习尤其如此。目标制定的越明确，学习的积极主动性就越高，学习意志就越坚强。

3. 积极展开讨论。"独学而无友，则孤陋寡闻"。每个人在学习上都不可能全知全能，每个人在学习上也不是一无是处，讨论对每一个人来说都是非常重要的。

4. 合理安排时间，科学地用脑。首先，要遵循生物钟的规律，按时作息，保证充足的睡眠。然后科学用脑，做题时争取做到举一反三，触类旁通。

5. 好好利用参考书。参考书是对课本知识的补充，对提高学习成绩也有一定的作用，它能开阔我们的视野，加深对知识分析的力度，好的参考书可以达到与上课听讲殊途同归之效果。

6. 加强知识系统化和条理化。每进行一周的学习后，应抽出一些时间对所学的知识进行整理与归纳，把所学的知识进行联系，使之系统条理化，形成知识的网络结构。

学习方法要选择适合自己。只有好好地掌握学习方法，才会获得的成功。只要有播种，就会有收获；只要有追求，才会品味人生。

九、要劳逸相结合

宋庆龄女士说过："一切为了孩子，为了孩子的一切，为了一切孩子。"在独生子女越来越多的今天，孩子是家长的希望，也是祖国的未来。对孩子而言，最重要的是让他们快乐，使他们在快乐中健康成长。日常生活中，不管孩子做什么，都要劳逸结合，读书也一样。

劳逸结合是让孩子学就要用心认真地学，玩就要开心快乐地玩，学习休息两不误。

李大爷正准备给自己的孙子报英语培训班。老人说孩子一放假他就有了新任务，即每天陪孩子上培训班。老人对此也很无奈："孩子还不满15岁，开学才上三年级，就已经被他父母折腾得不成人样了。天气炎热可真够孩子呛，看了都心疼，但没办法，人家孩子都在学，你不学就被落下了。"

学生以学习为主，这是无可非议的事。但如果无时无刻都逼着孩子学习，不给孩子喘息的机会，最终孩子会失去学习的兴趣和热情。这本不是教育的目的，学习、考试只是实现教育的一个方法和手段而已，真正的教育是育人。

适当的劳逸结合对青少年身体和脑力的健康发展有着十分重要的作用。劳逸结合会使学习效率事半功倍，同时也能避免不必要的劳苦，从而保持学习劲头。有劳有逸是一种积极休息，对建立有规律的生活节奏、消除疲劳及走出亚健康状态有重要意义；有劳有逸可以扩展知识视野，集思广益，还可以陶冶高尚情操；有劳有逸可以调节学生紧张的学习生活，减少压力，有利于身心健康。

劳逸结合对锻炼青少年健全的人格，增强生活本领，充分发挥身体各部分的功能如此重要，日常生活中要怎样做到劳逸结合呢：

1. 快乐学习。学生学习，应坚持一种理念，那就是"快乐学习，学习快乐"。青少年学生不应把学习当作是负担，而要当作是快乐，这样才有兴趣有精力学习。

2. 课间积极休息。课间10分钟是学生解除疲劳、放松心情的时间，具有承上启下的重要作用。课间积极休息可以让大脑的兴奋区和抑制区轮换得以休息。

3. 锻炼身体。身体是"学习的本钱"，是学习的保障。因而，我们要督促学生积极锻炼身体，不要死读书而忽视了身体健康的重要性。

4. 保持平常心。学生应尽量保持一颗平常心，不要改变已有的正常生活习惯，该怎么学习就怎么学习，该几点睡就几点睡。

第四节　学习是一种终身习惯

如果你读过康有为的《我史》和诸如梁启超之类的同时代人物等对他的回忆，你也许会得出一个基本的印象，就是康有为年轻的时候博览群书，是当时社会极少数的学贯中西的大儒。这无疑为他导演"戊戌变法"和设计"大同世界"做了非常有利的准备工作。从此以后，中国小朋友只要上过历史课的，基本上都会知道有过康有为这样一个人。

可是，根据梁启超的回忆，康有为经常跟别人讲，"我该读的书在 30 岁以前全都念完了，30 岁以后就再也不需要学习了。"如果一个人对偌大的世界保持这样一种封闭的态度，那么他哪里来的动力"活到老，学到老"呢？如果不能"学到老"，他怎样让自己老年的时候仍然身处智慧大军的前阵呢？

康有为的学生梁启超则是一个完全相反的例子。从《饮冰室合集》和保存下来的梁启超家书可以推测出，梁启超是一个始终对任何新鲜事物、任何未知领域都保持着广泛兴趣和开放心态的人，他几乎一生中每天都在持续地保持着勤奋阅读和学习新东西的习惯。

1898 年戊戌变法失败之后，梁启超流亡日本，众多追随老师的学生（包括后来的蔡锷将军）辗转追随老师的脚步奔赴日本。流离失所的老师和一贫如洗却又一腔激情的学生们在平日里的闲暇做什么呢？一起学习研究日本及西方的文化、经济、军事等所有新鲜的知识，他们相信这些知识将来必有国家用得上的时候。这个时候，梁启超 25 岁。

1919 年巴黎和会前，梁启超等人坐轮船远涉重洋去法国。在轮船上，每天早上坚持学习 2～3 个小时的外语，每天阅读 4～6 个小时的西方社科书目，每 2～3 天精读完一本专业著作。这个时候，梁启超 54 岁。

从这些例子，你也许就容易理解为什么康有为画地为牢而梁启超却可以不断自我超越，自成一家。

从中学课本上，大家肯定已经知道罗伯特·欧文（Robert Owen）这个历史人物了吧——那位著名的空想社会主义者，他的关于人类社会组织新形式的大胆设想和他的实践直接影响了西欧乃至整个人类历史的书写。但是，欧文出生于威尔士一个底层的五金店店主家庭。9 岁的时候便不得不辍学去当学徒。小欧文白天勤奋地做学徒的活儿，夜里便如痴如醉地阅读自己各种能够借得到的书籍。这样，欧文 20 岁不到的时候，便是英格兰一家大生产厂的头号管理者，不到 25 岁的时候，他已经成为当时社会里的身家上百万的富豪。不仅如此，欧文还提出了很多改造社会的想法。

　　而对于本杰明·富兰克林，那个通过放风筝成功地做成电的实验的人，大家必定已经很熟悉了。根据富兰克林的自传，他只上过两年学堂，然后他爸爸便让他辍学了。可以想象，不论是他在他父亲的作坊里帮助插蜡烛芯，还是到他兄长的印刷厂里当小学徒，对于一个像富兰克林那样智力上充满了好奇心的孩子来说，那些工作可能都是枯燥无味的。

　　富兰克林本人非常轻描淡写地提到自己当时怎样通过结识书商的学徒，通过租书、换书等方式为自己找到大量的读物。然后在完成白天的学徒工作以后，挑灯夜读。一个没有过相应的疲惫经历的人，很难体会到这需要多大的毅力和多强的兴趣才能做到。也正是因为这样，富兰克林成为整个人类历史上少有的通才之一：科学家、文学家、外交家、政治家、哲学家、富商等等。

　　欧文和富兰克林这两位在诸多领域都取得极大成就的人，都是没有上过几年学堂的人。但是，通过自我教育和终身学习，他们都成功地实现了自己的人生目标。中国历史上也不乏类似的例子。陈云小的时候因为家里贫困不得不辍学，但是，通过不懈的自我教育，他成为新中国经济和财政方面的最出色专家之一。关于更多的细节，你感兴趣的话，建议大家去读中央文献研究室编写的《陈云传》。

那么，为什么说即使从第一流的大学毕业以后，还是需要保持终身学习的习惯呢？这是一个很大的问题。我建议，目前这个阶段，我们来简单地算一个账，希望能够帮助大家理解我的意思：假如你 20 岁时，从全世界最好的大学本科毕业，以后，你就开始工作挣钱享受生活了，那么，你一生受过的教育也就是你受过的 4 年正规教育，加起来一共不到 1.2 万个学时（假设你在这 4 年中，每天学习 8 个小时，每年学习 365 天）。假如你本科毕业以后，活到 60 岁，期间每天仍然坚持深入学习或广泛阅读 3 个小时，那么这 40 年中你总共接受的自我教育将超过 4 万个小时。假如你大学毕业以后停止了自我教育，那么你损失的是你用 3 个一流大学的学位也换不回来的宝贵财产。

我们中国人有句古话，"学如逆水行舟，不进则退"。西方文化里有句类似的谚语，"求知就如同骑自行车，你不朝前蹬，迟早会从车上倒下来。"有意思的是，不同文化里的人们，彼此从未相见的时候，对某些事物便已经达成一致的认识。

终身学习，终生阅读。阅读习惯，指的是不需要别人强制，也不需要自己警觉就能自然而然地去进行阅读的种种动作。良好的阅读习惯一旦养成，便可成为个人的宝贵财富，终身使用不尽。

前苏联教育家苏霍姆林斯基说："让孩子变聪明的办法不是

增加作业，而是阅读再阅读。"读书能直接影响着一个人的精神成长，拓展着一个人的人生宽度，涵养着一个人的精神气质。培养孩子阅读的习惯，是你给予他的最珍贵的精神财富，拥有这种财富，你的孩子永远是精神上的强者，生活中的开拓者！

书籍是人类宝贵的精神财富，是采掘不尽的富矿，是经验教训的结晶，是通向未来的基石；读书是人们重要的学习方式，是人生奋斗的航灯，是文化传承的通道，是人类进步的阶梯。与好书同行，能让孩子从一个狭小的空间走向了一个更为广阔的天地，在书中，孩子增长了见识，拓宽了视野，从幼稚慢慢走向了成熟。

读书是一种心灵的活动，心灵的美容。一个人的外貌是天生的，但心灵的美容可以使人产生美丽的气质，高雅的风度。一个人只要坚持常读书、读好书就能变得更加的富有魅力。"腹有诗书气自华"说的正是这个道理。

阅读还能培养孩子正确的价值观，让孩子形成健康的人格，使孩子不会误入歧途。在阅读的过程中，孩子形成自己正确的是非观，他能判断什么事情是可以能做的，什么事情是不能做的，所以阅读的教育比家长单纯的说教有效多了！

阅读还能净化人的性情，使人变得高尚。一个爱读书的人能从书中领悟到纯净的可贵，于是，他的一生都会去追求一种"纯净"的境界，在心地境界上比较开阔，在人际交往上也比较畅通。

阅读能增加孩子的内涵，使孩子变得有教养。而一个不爱读书的人势必粗野，缺乏涵养，做起事情来冲动、好炫耀、轻薄、肤浅，这样的人不但给他人留下不好的印象，还阻碍了自己今后的发展。

当然，对孩子而言，最直接的影响是，阅读能提高孩子的写作能力。一些孩子之所以对写作文感到头疼，跟他没有阅读习惯是分不开的。一个不爱阅读的孩子，知识面不宽，缺乏写作方法的指引，自然言之无物；而一个爱看书的孩子，因为有厚积，所以才能薄发，写作能力自然就强。

当然，读书的意义绝非仅限于此。读书不仅可以影响一个人的成长，而且可以强化一个国家的文化根基，涵养一个民族的精神气质，影响一个社会的发展进步。正如一位有识之士所说，一个民族的精神境界，在很大程度上取决于全民族的阅读水平。谁在看书，看哪些书，决定了一个民族的精神气质，反映了整个社会的精神面貌，影响着这个国家的未来走向。从反面看，一个不爱读书的社会是人文精神缺失的社会，一个不愿读书的民族是缺乏创造力的民族。

了解你的孩子对阅读抱以什么态度：

1. 很有兴趣，总喜欢不停地翻看书，说起话来一套又一套的，颇有见地。那么，恭喜你，你只要适时地表扬孩子，鼓励他继续坚持就能有更大的收获！因为，孩子一定会照着你说的去做。

2. 有点兴趣，偶尔会翻翻书，比较喜欢听故事这样的孩子，要引导他阅读的兴趣不难，只要多给他讲讲阅读的好处以及让他听听相关的一些故事就可以。

3. 似乎没有兴趣，给他新书会翻翻，但不会专注很久就又跑去玩了。这样的孩子，你就需要好好去引导了，当然，他不是没有兴趣，只是没有受到更大的诱惑罢了。给书加点"蜜"吧，孩是会尝到甜头的。

小孩子天性贪玩，喜欢玩游戏、看电视这类被动思维的接受方式，而对看书这种主动思维的学习方式积极性并不强，这是很正常的事情。要想让你的孩子爱上看书，不妨多给他讲讲读书有好处的故事，在故事的启发和环境的熏陶下，孩子或许就会慢慢爱上看书了。

同学们，看书多，就会变得越来越聪明，越来越有学问。这样，自己以后遇到什么难题都能想出好办法解决。而且，爱看书、有学问的孩子每个小朋友都喜欢跟他交往，都希望能够得到他的帮助，你难道不喜欢做一个有学问，能帮助别人的好孩子吗？如果希望自己是这样的一个人，那现在就应该养成爱看书的习惯哦！要做到"士别三日，当刮目相看"。

吕蒙是古代三国时期吴国的一名得力大将，他在当时名震四海。然而吕蒙虽然作战勇猛，却不肯读书，所以，他不过是大老粗一个。平常有闲余时间，他总在家里饮酒作乐。孙权看到了，心里想：大将军这样虚度年华，迟早有一天要败在敌人手中。

于是，孙权开导说："大将军如今已身居要职，掌管国事，应当多读书，使自己不断进步。"吕蒙推托说："在军营中常常苦于事务繁多，恐怕不容许再读书了。"

孙权指出："我难道要你们去钻研经书做博士吗？只不过叫你们多浏览些书，了解历史往事，增加见识罢了。你说谁的事务不多呢？东汉光武帝担任着指挥战争的重担，仍是手不释卷；曹操也说自己老而好学。你为什么偏偏不能勉励自已呢？"吕蒙听了非常惭愧，是呀，像汉武帝那样的人都能做到手不释卷，更何况自己呢，难道我比他还忙吗？从此他开始学习，专心勤奋地看书，达到了手不释卷的程度。

鲁肃继周瑜掌管吴军后，上任途中路过吕蒙驻地，吕蒙摆酒款待他。鲁肃还以老眼光看人，觉得吕蒙有勇无谋，但在酒席上两人纵论天下事时，吕蒙不乏真知灼见，使鲁肃很受震惊。酒宴过后，鲁肃感叹道："我一向认为老弟只有武略，时至今日，老弟学识出众，确非吴下阿蒙了。真是士别三日，当刮目相看呀！"

你看，爱看书、有见识的人不但自己受益，还能受到他人的尊重，让别人改变对自己一贯的看法。吕蒙不就是这样一个人吗？

一个人即便再勇敢，再聪明，但因为不爱看书，不学习新知识，最终也只能成为一个腹中空空的废物，毫无用处，遭人嘲笑。

下面再来说说"爱读书的鲁迅"。

鲁迅小的时候，爱买书，爱看书，爱抄书，把书看作宝贝一样。

在进"三味书屋"前，他只在自己的启蒙老师——一位远房叔祖父那里看过不带图的书。这位老师告诉他，有一部带绘图的《山海经》，画着人面的兽，九头的怪物……可惜一时找不到了。这么一部有趣的书，可把鲁迅吸引住了。他念念不忘，梦寐以求，把他的保姆长妈妈也感动了。长妈妈不识字，她探亲回来时，就设法给鲁迅买回了这部书。一见面，长妈妈把一包书递给鲁迅，高兴地说："有画的《山海经》我给你买来了。"

一听这消息，鲁迅欣喜若狂，赶紧把书接过来，打开纸包看了起来。

这是鲁迅最初得到的心爱图书。后来，他识字渐渐多起来了，他就自己攒钱买书。过年时，鲁迅得到压岁钱后，总是舍不得花，攒起来买书看。

鲁迅小时候，不仅酷爱读书，而且还喜欢抄书，他抄过很多书。显然，抄书使他得益匪浅。他的记忆力那么好，读过的书经久不忘，这与他抄书的爱好是密切相连的。

鲁迅小时候对书籍特别爱护。他买回书来，一定要仔细检查，发现有污迹，或者装订有问题，一定要到书店去调换。有些线装书，很容易脱线，他就自己动手改换封面，重新装订。

看书的时候，他总是先把桌子擦得干干净净，再看看手指脏不脏。脏桌子上是不放书的，脏手是不能翻书的。他最恨用中指或食指在书页上一刮，使书角翘起来，再捏住它翻页的习惯。他还特意为自己准备了一只箱子，把各种各样的书整整齐齐地放在里面，箱子里还放了樟脑丸，防止虫蛀。

鲁迅从小养成的爱看书的好习惯，贯穿他的一生。他读过的书浩如烟海。他从 1912 年至 1939 年购置的书至少有 9000 多册。正因为广泛阅读，厚积薄发，最后成为一个伟大的文学家和思想家。

同学们，书籍是人的精神食粮，是人的一生中最为宝贵的精神财富。一个不爱看书的人，他的内心是贫瘠的，他是视野也是狭窄的，他的人生更是浅薄的。只有一个博览群书的人，才能最终成长为一个知识渊博、内在丰富的人。让我们从小养成爱阅读的好习惯吧，这一习惯将会让你一生都受益！

有许多家长给孩子购买了很多书，但这些书只做摆设用，孩子根本没有翻看的兴趣，还喜欢告诉别人说："我家有很多书。"如果你的孩子也有这样的坏习惯，不妨让他听听《腹有诗书》的故事。

在古代名医李时珍的家乡，有一位庸医，他不学无术，还喜欢假装斯文，购买了许多医书，以此来炫耀自己。

有一年，梅雨季节刚过，庸医命家人将藏书搬到院子里晒。各种古典医书摊开满满一院子，这位庸医看着自己的这些藏书洋洋自得，在院子里踱着方步。

这事正巧被李时珍看见，他很看不起这个不看书的庸医，便解开衣襟，躺在晒书架子旁边，袒胸露腹，晒起自己的肚皮来。

庸医一见，莫名其妙，惊问道："您这是做什么?"

"我也在晒书呀"，李时珍答道。

庸医问："先生的书在哪里呢?"

李时珍拍拍自己的肚皮，笑着说："我的书都装在肚子里。"

那位庸医一听脸都红了，最后，为免遭耻笑，他赶紧命人把那些书收了起来。

同学们，家里的书籍再多，如果不读，只做摆设，同样会使自己成为一个浅薄、没有知识的人。如果不但不读，还习惯炫耀自己，那更是不学无术、卖弄斯文了。

我们评价一个人的知识，不在于书架上摆有多少书，而在于头脑内装有多少知识。也就是说，要看这个人是不是真正喜欢读书学习，是不是真有学问。

一个不能脚踏实地、扎扎实实学习读书的人，即便是依靠金钱或是其他关系获得了某种工作也是干不长久的，在遇到问题的时候，他会因为脑中无物必将陷入更大的困境中，让自己处于尴尬的处境无法脱身。所以，要想真正做成大事，就必须从小用知识武装自己的头脑。

阅读的好处很多，但并不是每一个孩子都喜欢阅读。据一项调查研究显示：在识字的成人群体中，2005 年有 53.1% 的人连一本图书都没有读过。造成这种结果的原因很明显。因为时代变化了，信息传播方式多样了，生活节奏加快了，所以人们宁愿使用快餐文化，也不愿意多花点时间看看书。

但是，孩子们为什么也不喜欢阅读呢？孩子不爱看书大致有以下几种可能：

1. 没有良好的家庭阅读气氛

在父母从来不读书的家庭，孩子很难知道阅读为何物，更无法体会到读书的乐趣，因此也就无从"爱上阅读"。

有人曾在两所家长来源差异较大的小学进行调查，A 小学的家长大多来自高校，在家中大量时间用于阅读和写作；B 小学的家长大多为普通人和收入较低者，在家中大量时间用于看电视、打麻将、聊天。

结果发现：A 小学的孩子发生自发阅读和书写行为的时间也较早，且认为阅读和书写就是生活的重要组成部分；而 B 小学的孩子发生自发阅读和书写的时间则较晚，且不将阅读和书写当作生活的重要组成部分。

于是，研究者要求 B 小学实验组的家长每天在家中进行 20 分钟的阅读，阅读内容可以是报纸，也可以是其他书籍，但要求是必须在孩子面前进行，且阅读时要表现出专注和愉悦。坚持了几个月之后，B 小学实验组的学生自发阅读行为明显增加，且开始认为阅读是生活中不可缺少的内容。其家长也认为，孩子最近的学习态度和成绩有所提高。

2．没有适当的早期读物

有些家长说，我们很爱读书，也为孩子买了很多书，为什么孩子还是不爱看书呢？这时，我们需要来检视一下，你到底为孩子买了什么书？

不同年龄段的孩子会对不同的图书感兴趣，但在 6 岁以前，孩子不认字或者认字不多的时候，绘画本无疑是最佳的启蒙读物选择。而绘画本的主题却是需要家长认真选择的，讲大道理的，过于玄幻的，充斥暴力内容的都不是好的图书，而自然清新的，画面美好的，主题贴近孩子生活的，有着丰富和合理想象的，展现真善美的，充满智慧的幽默的，才是真正适合孩子阅读的图书。

　　其实，选择好书的标准很简单，首先是真善美，然后就是画多字少，最后就是孩子愿意一读再读。如果觉得还不能确认，最好的办法就是带孩子去图书馆，在那里先试读，然后把孩子爱不释手的书买回家。

　　3．没有适当的阅读指导

　　有了适合孩子的图书，接下来就是家长怎么和孩子一起阅读的问题了。总的来说，就是通过一些技巧，帮助孩子从依赖阅读，经由分享阅读，再过渡到独立阅读。在这个过程中，阅读由一个被动接受的过程变成一个类似于互动游戏的建构的过程，孩子会积极地参与其中。

　　4．没有适当的阅读环境

　　还有一些家长，钱舍得花，家中藏书何止过千，书桌书椅书橱书柜一应俱全，可孩子还是不喜欢读书。究其原因，竟然是"钱多惹的祸"，家里的其他诱惑太多，如电子游戏机、电动玩具等，孩子的诱惑这么多，让他如何安心读书呢？

　　如何培养孩子阅读的习惯呢？要让小孩子养成良好的阅读习惯，关键是为小孩子营造一个听、说、读的家庭环境，小孩子天性爱听故事、爱看图画，只要创造好环境，小孩子良好的阅读习惯是不难培养起来的。具体地说，应注意以下几点：

　　1．为小孩子买书必须经过认真选择，书中的内容必须是与小孩子熟悉的生活经验有关的，要符合其年龄特点。对小孩子图书的一般要求是：装订结实，不易撕开，画面清晰，色彩艳丽，主题突出，形象鲜明、逼真，内容生动、活泼有趣。

2. 多带小孩子逛书店，观赏书架上五颜六色的图书，告诉小孩子书里有许多不知道的事情，读了它可以使人变聪明。激发小孩子求知的欲望，有时也可以顺便买一两本图书。

3. 要启发引导，帮助小孩子阅读。成人看看字，小孩子看书则是什么都看。由于不认识文字，小孩子不可能一下子就把书看懂，翻来翻去看不懂，没意思了，就会把书扔在一边玩别的去了。因此，家长要拿出一定时间和小孩子坐在一起阅读图书，一边讲一边看，适当地提些问题，从学翻页面开始，直到逐步让小孩子学会自己独立地看和讲。小孩子能看懂画面了，切身体会到看书的乐趣，就会对书产生感情，逐渐培养阅读图书的兴趣。

4. 平时可以给小孩子讲一些他们能听懂，而且有趣的故事，只要小孩子喜爱听，不妨多讲几遍，告诉小孩子这有趣的故事就是从图书中看来的。

5. 每次阅读时间不能太长，以半小时以内为宜。小孩子天性好动，看书时间一长，注意力就要转移，而且看久了还会影响小孩子的视力。

6. 营造良好的读书氛围。一个安静祥和的读书氛围更容易让孩子集中精力，投入到书中去，有条件的家长不妨给孩子创造一个独立的"书房",让孩子在"书房"里看书,也许孩子会觉得看书也是一件需要正正经经去做的事情。此外,家长经常看书、读报,对小孩子阅读图书的兴趣会产生潜移默化的影响。

家长需要注意的原则:

1. 忌逼迫。逼迫孩子阅读只会适得其反,孩子非但不会因此养成阅读的好习惯,还可能对读书产生反感,觉得这让自己失去玩的时间。

2. 忌空洞说教。空洞地告诉孩子大道理,好好阅读吧,阅读能让你变得聪明起来等废话,小一点的孩子会听得一头雾水,大一点的孩子听了会无动于衷,其教育效果等于零。

3. 忌自己不做却要求孩子去做。如果家长自己不爱读书,千万不要逼迫孩子去读,因为这未免太没有说服力了!要想孩子做好,家长自己必须要先做到!

4. 忌责骂。无端地责骂孩子"你这么不喜欢看书,一定会成为傻子的"这让孩子在自尊上受不了,还会影响亲子之间的关系,如果你能多点引导,多点循循善诱,用讲故事的方式诱导孩子去阅读,让孩子从阅读中体会到乐趣和成就感,孩子阅读的习惯自然而然就养成了。

阅读是一种行为,这种行为不是天生的本能,而是一种后天培养出的习惯。阅读的乐趣来自于具有成就感的阅读经验,想要营造出具有成就感的阅读经验，家长应该赞美子女的阅读行为和成就。无论子女对书本内容作出何种反映，一定先赞美他的表现，再提出他可能未思索到的问题供他思考。孩子的阅读信心是培养阅读兴趣的先决条件，而阅读信心的建立，当然是来自父母亲的赞美和鼓励。

下面再来讲一个"活到老，学到老"的故事吧。

晋平公是一位古代国君，政绩不凡，学问也不错。在他70岁的时候，他依然还希望多读点书，多长点知识，总觉得自己所掌握的知识实在是太有限了。可是到了70岁的人还去学习，困难是很多的，晋平公对自己的想法总还是不自信，于是他去询问他的一位贤明的大臣师旷。

师旷是一位双目失明的老人，他博学多智，虽然眼睛看不见，但心里却亮堂着呢。晋平公问师旷说："你看，我已经70岁了，年纪的确老了，可是我还很希望再读些书，长些学问，但总是没有信心，觉得是否太晚了呢？"

师旷回答说："您说太晚了，那为什么不把蜡烛点起来呢？"

晋平公不明白师旷在说什么，便说："我在跟你说正经话，你跟我瞎扯什么。哪有做臣子的随便戏弄国君的呢？"

师旷一听，乐了，连忙说："大王，您误会了，我这个双目失明的臣子，怎么敢随便戏弄大王呢？我也是在认真地跟您谈学习的事呢。"

晋平公说："此话怎么讲？"

师旷回答说："我听说，人在少年时代好学，就如同早晨温暖的阳光一样，那太阳越照越亮，时间也久长。人在壮年的时候好学，就好比中午明亮的阳光一样，虽然中午的太阳已走了一半了，可它的力量很强、时间也还有许多。人到老年的时候好学，虽然已日暮，没有了阳光，可他还可以借助蜡烛啊，蜡烛光亮虽然不怎么明亮，可是只要获得了这点烛光，尽管有限，也总比在黑暗中摸索要好多了吧。

晋平公恍然大悟，高兴地说："你说得太好了，的确如此！我有信心了。"

是呀，不爱学习，即使大白天睁着眼，也只能两眼一抹黑。只有经常学习，不论年龄大小，学问越多心里就越亮堂，这样才不至于盲目处事、糊涂做人。而我们作为孩子，更应该为了获得早晨温暖的阳光而勤于阅读勤于学习，这样生活的道路才会越走越宽。

第三章　养成日常生活好习惯

第一节　好习惯始自生活点滴

　　"蹲下身来"，在孩子的高度去看外界事物，你才会真正读懂孩子并找到最有效的教子方法。三四岁之前是宝宝养成行为习惯的关键时期。从出生那天起，孩子就开始通过各种各样的行为应对生活的挑战，最初他们主要依靠先天反射，以后慢慢尝试和模仿新的办法，一点一点建立起独特的行为模式。宝宝的每一个举动都会产生一个结果，这个结果反馈回来，促使宝宝维持或者改变行为方式，这样一个过程不断重复，印刻在孩子的脑子里，渐渐就会形成习惯。比方说，宝宝天生敏感，拉了尿了出汗了，尿布或衣服贴着身体不舒服，他总是不停地哭闹，引得家长每次都须尽可能快地帮他换掉。长大一些见到衣服脏了，宝宝主动告诉家长，马上就可以换上干净衣服并得到表扬，久而久之孩子就养成了爱干净讲卫生的好习惯。再比如，开始尿在地上的时候，听到妈妈笑着说"看你这个小坏蛋，又给妈妈画地图了"，他还以为是表扬，渐渐从无意的行为变成了故意的举动，后来这样的行为遭到了家长的惩罚，被冷落到一边的他，发现只有四处拉尿才能立刻引来家长的关照，不经意间就形成了随处便溺的坏习惯。

生活的点滴表面上看不起眼，但家长的反应和态度却会对宝宝产生很大的影响，将来孩子是仔细还是马虎，做事有条理还是杂乱无章，喜欢读书还是讨厌学习，乐于交往还是我行我素，许许多多的习惯都是通过生活小事，日复一日、年复一年不断积累而养成的。习惯养成不易改。人的行为有一种定式倾向，就是喜欢用熟悉的动作、语言和思维去处理事务，因为熟悉的办法最省力，小孩子也不例外。有的孩子挑食，最初常常是偶然因素，看到某些东西没食欲或者吃了不舒服，以后见到它们第一反应就是拒绝，时间一长挑拣惯了，有些食物就再也吃不进了。

养成习惯需要相对长期的过程，但习惯一旦形成改起来可就难了。同一种行为不断重复，在大脑中渐渐形成固定的神经回路，这种反应模式就会固定下来，难以甚至无法改变。就像小孩子学结巴，开始是因为好玩，等到自己变成口吃，若不尽早强化治疗将致终生无法纠正。俗话说：山河易改，秉性难移。

家长一定要从小注意，防止孩子养成坏习惯。

良好的习惯可以让孩子受益终生，不良的恶习则会贻害孩子一生。培养良好的生活习惯是对孩子进行早期教育的最重要内容之一，家长必须高度重视并从以下几方面付诸行动：

1. 极鼓励和夸奖孩子良好的行为；

2. 对孩子的不良表现进行一贯的冷淡或限制；

3. 以身作则为宝宝树立模仿的榜样；

4. 请孩子监督检查家长的坏习惯；

5. 有意识地引导和培养宝宝良好的行为模式。

家长应该从大处着眼重视良好习惯的培养，从小处着手在日常生活中检点孩子的行为和自己的表现，有意识地引导孩子发展良好的行为模式。

要注意培养孩子，自己的事情自己做。在学前准备中，让他们学会自己铺床叠被，自己起床，脱穿衣服、鞋、袜，学会洗脸、洗脚、漱口、刷牙，学会摆放、洗刷碗筷，端菜盛饭，收拾饭桌等。家长应当要求孩子参加一些力所能及的劳动，学点简单的劳动技能，会开、关门窗，扫地、擦桌椅，会自己取放玩具、图书、其他用具等。

教孩子自我管理。经常听到家长抱怨，孩子不会整理书包，书包里乱得成"纸篓"，只好父母代劳。其实坏习惯的成因就是学前期家长包办一切，未能培养起孩子自我管理的能力。从现在开始，就让孩子自己整理图书、玩具，收拾书包和生活用品等；要懂得爱护和整理书包、课本、画册、文具；学会削铅笔、使用剪刀、铅笔刀、橡皮和其他工具，并能按老师的要求制作简单的玩具、教具等。

父母要使孩子的生活规律化，小学生活正规而有序。家长要提前培养孩子的时间观念，让他们懂得什么时间应该做什么事，什么时间不该做什么事情，并控制自己的愿望和行为。如该写作业时一定要认真写，写完后收拾利索才能去看电视和玩；教孩子养成早起、早睡，按时吃饭的习惯等。

健康生活源自健康好习惯，日常生活好习惯才能让自己及孩子更加健康。《我爱我家》中的贾志国、《漕运码头》中的铁麟、《第一书记》中的沈浩、《中国1921》的杨昌济……著名影视话三栖演员杨立新塑造的一个又一个个性鲜明的角色，给广大观众留下了深刻印象。他是文化部第二十届梅花奖，北京市第一届"德艺双馨艺术家称号"的获得者，享受国家特殊津贴。

谈到健康，杨立新说："习惯伴终身。好习惯是健康的银行，坏习惯是健康的监狱。播种好习惯便收获健康，播种坏习惯则收获早衰和疾病。"杨立新平时很注重好习惯的培养，经常性的体育锻炼就是其中之一。他每周跑步4~5次，每次50分钟，从中学起一直坚持到现在。在饮食上他坚持荤素搭配、粗细结合、每餐不过饱。拍戏往往打乱生物钟，但他坚持劳逸结合，尽可能睡好觉。杨立新说："而今有些人患上各种慢性疾病甚至癌症，除了遗传与环境因素外，与不良的生活习惯有着直接关系，比如心情长期压抑、大吃大喝、烟酒无度、久坐不动、生物钟混乱、乱服药品等。"

每年年终，杨立新都要对自己的健康进行一次认真梳理，每次体检后都要检查一下自己还有什么不良的生活习惯。他认为只有经常把关检查，坚持良好的生活习惯，才能确保身体健康。

拍戏之余杨立新也会与家人一起逛商场、逛公园。他喜欢读书、听音乐，还会唱京剧、越剧、二人转、京韵大鼓，他在《天下第一楼》里演的大少爷反串旦角儿的一段，就是他现场唱的，他管这叫"艺不压身"。

第二节　早睡早起精神好

早睡早起的习惯的养成，不是一朝一夕的事。孩子晚上不肯早睡，早上不愿起的根源在父母身上。

随着社会的进步，现代生活节奏的加快，睡眠问题受到了越来越多人的关注。那么，孩子是否也一样存在着睡眠问题呢？答案是"是"。很多孩子晚上是"夜猫子"，但早上却是千呼万唤"起不来"，致使许多孩子上学迟到、因匆忙而不吃早餐，导致营养不良、健康受损等。为了保证孩子能有一个较好的睡眠质量，让孩子的身心更加健康，家长们一定要培养孩子早睡早起的习惯。只有如此，我们的孩子才可能有充沛的精力开始每天的生活。

"一日之计在于晨"，早晨是一切生物新的开始，鸡在鸣叫，鸟在欢唱，太阳公公从东方升起，一派崭新的气象。休息一夜后，大脑的疲劳消失了，劳累已经完全消除了，头脑变得清晰了，可以更好地全身心地投入到生活、学习中去了。

早睡早起可以保证优质睡眠。衡量孩子是否休息好了的指标不单是睡眠时间，更重要的是睡眠质量。如果孩子能够早起，那么上午的时间就有较大的活动量；身体能够适度疲惫，晚上就能够早一点儿睡。

早睡早起有助孩子健康成长。大家都知道睡眠分深度睡眠和浅度睡眠。当儿童进入深度睡眠的时候，成长激素就会分泌旺盛。成长激素不仅可以促进新陈代谢。对于白天身体和大脑的疲劳有很好的修复作用，还能够帮助孩子肌肉和骨骼的健康成长。而对于那些经常不能获得深度睡眠的孩子，他们的个头和强壮程度，都不如健康的儿童。

早睡早起能让孩子的情绪安定。早睡早起能彻底地消除大脑疲劳。经过一夜舒适而充足的睡眠，人就会重新充满了活力、头脑清醒、浑身有劲。长期晚睡晚起会引起时差状态（通常说的睡颠倒了）其后果就是注意力不集中，心情郁闷，情绪急躁。脑内神经传递物质由于睡眠不足而引起的分泌低下，这种情况不利于孩子的心理和身体发育。

早睡早起还能增进孩子的食欲。通常早晨起床后，如果马上进食会有食欲不振的感觉。但是如果能在早晨早一点起来，并在吃早餐前有30分钟至1个小时的时间里进行活动，这样就能够让孩子好好地吃早餐。上午，孩子在游戏之后会有空腹的感觉，午饭就可以很好地吃。下午3点左右的零食时间再给孩子稍微补充一下，在晚上6—7点吃晚饭的时间，孩子吃过的食物也基本上被消耗掉了，晚餐就能够很好地完成。这样，慢慢地，孩子进餐的节奏就能够被控制得很好，有利于孩子建立良好的饮食习惯。

早睡早起可以提高学生学习质量。现代学生的学习非常紧张，孩子必须保证有高质量的睡眠。只有养成早睡早起的习惯，才能够使孩子学会有规律地学习和生活，学习质量才能提高。

每个人的学习和工作不是一个古板的模式，而是有张有弛，应该根据学习、工作的具体情况自行调节，如孩子复习准备考试或集中精力思考某一个问题时，大脑皮层就会处于兴奋状态，睡意同时会减弱。在这段时间学习，孩子的学习效率就高，记忆能力也强，这对提高孩子的学习成绩很有帮助。

早睡早起有利于青少年身体增高。早睡早起可以促进青少年生长发育激素分泌的明显增加，因此，早睡早起，身体也能长得高大。

宋佳美上学的那个学校一到临近考试的时候，留的作业就非常多。每天就要写到很晚才可以睡觉休息，这样早上就不能按时起床。在一次考试就要临近的时候宋美突然生病了，请了近一个星期多的假，医生说主要是睡眠不足身体抵抗力低造成的。

1997年6月被《少年儿童研究》杂志社抽查的千名中小学生及其家长中，竟然有很大一部分孩子的睡眠不足，其中小学生占了近50%，初中生占了80%，他们情绪低落、表情困乏。这种现状应该引起学校、家庭及社会各界的高度重视和关注。

从以往的调查统计来看，影响孩子睡眠的主要原因有以下两点：

1. 作业太多。调查中显示，从小学四年级到初中三年级，均把作业多作为影响睡眠的第一位原因，不仅是学校布置的作业很多，许多作业还是家长布置的，这样造成了学生沉重的压力和负担。

2. 孩子平时没有早睡早起的习惯。许多孩子平时学习不专心，动作缓慢，不会合理安排时间，办事磨磨蹭蹭，对时间也没概念，养成了不良习惯。

　　培养孩子早睡早起的良好习惯，家长首先要有正确的认识，要认识早睡早起对孩子的重要性，每一位家长和教师还有全社会，都应树立早睡早起的科学观念和责任心，并努力帮助青少年培养起这个良好习惯，建议做到以下几点：

　　1. 营造良好的睡眠环境。睡觉前给孩子洗个澡，讲个故事，把灯光调暗，营造出"要睡觉了"的安宁气氛。时间长了，一到这个时候，孩子早睡的习惯自然就会养成。

　　2. 晚上吃七分饱。如果晚餐吃得过饱的话，食物就会停滞在胃里，肠胃就会不适而睡不着，不利于早睡早起习惯的养成。

　　3. 睡觉前漱漱口，作为睡前的一种准备，这是进入睡眠状态前的信号。有条件的最好用热水泡泡脚，可以促进脚部的血液循环，从而给大脑带去更多的氧，使脑细胞快速进入一种正常的状态，这样整个人会很快平静地进入睡眠。

　　早睡早起益处多。常言道"早睡早起身体好。"那么，这说法是否有一定的科学根据呢？据日本厚生省（相当于我国的卫生部）的研究小组研究证实，与常熬夜的人相比，早睡早起的人精神压力较小，其精神健康程度也较高。让孩子早睡早起能够显著改善孩子白天爱瞌睡、磨人以及焦躁、易攻击别人的现象。

　　还要强调一下，每个人体内都有一个生物钟，这个生物钟是人能否健康的重要因素。如果不让孩子在21—22点上床睡觉，非得让他们把作业做完，或是和大人一起看电视，那就不仅是帮他们养成不健康的坏习惯，而且还在破坏他们的生物钟。所以，家长对此可不能掉以轻心。总之，早睡早起的好处不容忽视，我们应该从小培养孩子早睡早起的习惯。

很多孩子喜欢睡懒觉。早上，他们就像粘在床上一样，怎么叫也叫不醒。导致上学迟到、早餐没吃好。因为经常迟到，受到批评，孩子的心理长期处于一种羞愧的状态；而因为不吃早餐，又影响了孩子的身体健康。如果你的孩子同样贪睡，你不妨找个机会给孩子讲讲《再睡一分钟》的故事。

丁铃铃，闹铃响了。明明打了个哈欠，翻了个身，心想：再多睡一分钟吧，就一分钟，不会迟到的。

过了一分钟，明明起来了。他很快地洗了脸，吃了早点，就背着书包上学去了。走到十字路口，他看见前面是绿灯，刚想走过去，红灯亮了。

他叹了口气说："要是早一分钟就好了。"

他等了好一会儿，才走过十字路口。

他向停在车站的公共汽车跑去，眼看就要跑到车站了，车子开走了。

他叹了口气，说："要是早一分钟就好了。"他等啊等，一直不见汽车的影子，明明决定走到学校去，到了学校，已经上课了。

明明红着脸、低着头，坐到了自己的座位上。老师看了看钟说："明明，今天你迟到了 15 分钟。"明明非常后悔。

第二天，明明打了个哈欠，翻了个身，心想：昨天我就多睡了一分钟，结果就迟到了，这回我可不能再睡了，要不然还得迟到！

想到这里，明明飞快地翻下床去。他很快地洗了脸，刷了牙，吃了早点，就高兴地背着书包上学去了。

走到十字路口，他看见前面是绿灯就顺利地走了过去。回头一看红绿灯已经变成了红灯。他高兴地说："要是昨天像今天这样就不会迟到了。"

他向停在车站的公共汽车走去，他刚上车，车子就离开了车站，到达了学校。

他再一次说："要是昨天像今天这样就不会迟到了"。

到了学校，老师刚刚来，老师微笑地说："明明今天表现得真好，这么早就到学校了。"明明听了，可高兴了，他蹦着、跳着，坐到了自己的座位上。

孩子贪睡，而家长心疼孩子，舍不得喊醒孩子，让孩子多睡会儿懒觉就觉得是自己在爱孩子。同时，在观念上认为小孩子嘛，迟到了也没什么大不了的，从而导致孩子们对迟到也显得无所谓了。殊不知，孩子正在渐渐地没有了时间观念，什么事儿都要磨磨蹭蹭。

为此，培养孩子的时间意识，培养孩子早睡早起的习惯，应该从小做起。

早睡早起，对于孩子的生长发育及智力发展都有重大的影响。早睡，是孩子早起的有效保证。孩子只有做到既早睡又早起，才能保证睡眠质量，才能够保证有更加充沛的精力去学习、生活，所以，让孩子认识到早睡早起的好处很重要。

孩子贪睡、赖床，家长还可以给他们讲讲名人早起的故事，用榜样的力量督促孩子，指引孩子们前进的方向。家长可以讲一下大家熟知的《闻鸡起舞》：

晋代的祖逖是个胸怀坦荡、具有远大抱负的人。可他小时候却是个不爱读书的淘气孩子。进入青年时代，他意识到自己知识的贫乏，深感不读书无以报效国家，于是就发奋读起书来。他广泛阅读书籍，认真学习历史，从中汲取了丰富的知识，学问大有长进。他曾几次进出京都洛阳，接触过他的人都说，祖逖是个能辅佐帝王治理国家的人才。祖逖24岁的时候，曾有人推荐他去做官，他没有答应，仍然不懈地努力读书。

后来，祖逖和幼时的好友刘琨一志担任司州主簿。他与刘琨感情深厚，不仅常常同床而卧，同被而眠，而且还有着共同的远大理想：建功立业，复兴晋国，成为国家的栋梁之才。

一次，半夜里祖逖在睡梦中听到公鸡的鸣叫声，他一脚把刘琨踢醒，对他说："别人都认为半夜听见鸡叫不吉利，我偏不这样想，咱们干脆以后听见鸡叫就起床练剑如何？"刘琨欣然同意。于是他们每天鸡叫后就起床练剑，剑光飞舞，剑声铿锵。春去冬来，寒来暑往，从不间断。功夫不负有心人，经过长期的刻苦学习和训练，他们终于成为能文能武的全才，既能写得一手好文章，又能带兵打胜仗。祖逖被封为镇西将军，实现了他报效国家的愿望；刘琨做了都督，兼管并、冀、幽三州的军事，也充分发挥了他的文才武略。

对于孩子来讲，美丽的春天是被早起的鸟叫醒的，春天是属于它们的。而成功总是属于那些勤奋、刻苦，不怕困难的人的！被窝谁都爱，但贪恋被窝的人怎么可能取得优异的成绩并获得最后的成功呢？

赖床是一种坏习惯，既不利于孩子的身体健康，也会影响到孩子意志力的培养和独立人格的形成。许多家长可能都有这样的经历：早上叫孩子起床，孩子总是不肯爽爽快快地从被窝里爬起来，非要家长反反复复地催几遍，急得爸爸妈妈心急火燎，但孩子依然迷迷瞪瞪，没有一点紧迫感。如何才能帮助孩子改掉这个坏习惯呢？这也是目前许多家长最关心的话题之一。要改掉孩子的这一坏习坏习惯，家长首先要了解一下孩子赖床的原因。

孩子赖床，有时可能是阶段性的（有一个时期表现得比较明显），有的可能是一惯性的（经常是这样）。这就需要从不同的角度找原因了。

孩子阶段性的赖床，可能是以下情况造成的：

1. 孩子在这一段时间内比较紧张或疲劳，休息时间不够，睡眠不足。比如晚睡迟起；又比如假期过后，因为假期玩得比较兴奋，体力的消耗比较大，也可能会影响到正常的生物钟。

2. 孩子可能有健康的问题。比如生病了可能没有精神，致使早上起不来；或者孩子有什么心事，造成情绪紧张而影响睡眠的质量等。

这种在某一段时间表现出来的赖床现象，一般来说都有具体的原因的，只要家长们平时注意多观察孩子，多和孩子沟通，及时对孩子进行必要的指导和帮助，改变孩子的赖床现象是不难的。如果孩子长期以来一直喜欢赖床，就需要家长更加耐心地指导了，甚至还要求家长自己做出改变，因为这种现象与家庭生活有着很大关系。那么，在家庭生活中和家庭教育中，哪些因素可能导致孩子赖床呢？

1. 溺爱。在家里孩子说了算，孩子想怎样就怎样，晚上孩子睡觉的时间不固定，高兴什么时间睡就什么时候睡，早上孩子想偷懒不起床家长也没有办法。

2. 家长事事包办造成了孩子的依赖性，早上起床一直是靠家长叫醒的。有些家长替孩子着急，替孩子把一切安排好，甚至替孩子穿衣服，整理书包，孩子的主观能动性得不到发挥，久而久之就完全依赖大人了，把这些当作是家长必做的事情看待了。

3. 作息时间不规律。不规律的可能不仅是孩子，可能也包括家长。比如有的家长自己工作比较忙，或者晚上应酬比较多，常常晚睡觉，孩子就和家长一起"挑灯夜战"，或者因大人很晚了还有活动而影响孩子早睡觉。

当然，孩子赖床基本上是自己主观上的原因，如意志不坚强，如时间观念差。儿童的身心还处在成长发育时期，人格独立性的发展还不够，容易受外界的影响，完全让孩子自己去面对一些问题是不现实的，也是很困难的。所以，我们不要过多地责备孩子，而是要想办法找原因，想对策，给孩子以针对性的具体指导。

早睡早起要从培养孩子的生活习惯开始。可以从以下几点着手：

1. 制订合理的时间安排表。如果决定了要让孩子养成早睡早起的好习惯，就要规定好早起的时间并严格遵守。时间表的执行原则上要靠孩子的自觉，让孩子自己学会按时睡觉，按时起床，家长不要包办代替。可以委婉地提醒，但是提醒的次数不要太多，以免孩子产生依赖感。

2. 晚归的爸妈先安顿好宝宝入睡。不少爸妈工作繁忙、早出晚归，但在晚归之前，要先关照好家人帮忙照顾孩子就寝，回家时也要注意别吵醒孩子。

3．让孩子明白早睡早起，珍惜时间的道理。观念决定着行动，孩子的赖床，可能是不懂得如何珍惜时间，或者不知道为什么要早睡早起，家长要注意抓住时机，适时适当地多给孩子讲讲道理。但注意不要空谈，要把道理结合在具体的问题和情境中。比如孩子因早上赖床而迟到了，家长就可以帮他分析一下，如果准时起床不磨蹭，不就把迟到的时间抢回来了吗？这样，孩子就明白了醒来之后马上起床的必要性。

4．及时表扬，给予正向的引导。在孩子有所进步时，家长应及时给予表扬或奖励，但要注意把握分寸，大的进步给予大的表扬，小的进步给予小的表扬。不要表扬得太过，也不要漠不关心。

5．要持之以恒，每天都坚持让孩子早睡早起。不能一到周末就玩至深夜，周日早上全家人都赖在床上不起来，这样很难使孩子养成良好的睡眠习惯。

当然，培养孩子早睡早起的习惯，家长还要以身作则。如果家长自己生活都不讲究规律，睡觉起床的时间随心所欲，孩子自然会学大人的样。

孩子只有早睡早起，精神状态才能好，学习成绩也才能比较出色。而一个晚上爱看电视，早上又赖床的孩子往往学习成绩会不太好。从常理上推，那些能早起的孩子被老师表扬的几率比那些爱赖床的孩子要高，所以心态也比较自信、健康。为了给孩子一个美好的未来和健康的心态，让我们鼓励孩子早睡早起。

第三节　不良饮食习惯要改正

孩子爱吃零食，不怎么吃饭，怎么办？孩子挑食，如何纠正？和缺吃少喝的年代不同，现在的父母不再忧虑没有足够的食物给孩子吃，而是担心孩子不吃、胡吃或挑着吃。

现在大多数青少年是独生子女，一些家长因为害怕孩子受委屈，担心孩子饿着，许多家长往往追着孩子满屋子喂饭，哄着、诱惑着，想方设法让孩子吃上一口饭；而孩子一口饭含在嘴巴里，咀嚼半天都不想咽下去。如此往复，孩子、家长都疲惫不堪。对于孩子们的偏食现象并没有给予及时纠正，从而导致了不良饮食习惯的逐步形成，使体内钙和铬元素的日渐缺乏。孩子如果长期挑食，必然影响身高增长，导致矮身材。孩子如果从小养成不挑食不偏食的习惯，就能使身体吸收各种食物的营养成分变得比较均衡，达到更高的营养价值，这在营养学上称作食物营养素的互补作用。如肉和蔬菜一块吃，能提高铁和维生素 C 的吸收率。所以要注意培养孩子不挑食不偏食的良好饮食习惯，以免影响孩子身体的正常发育。

事实上，与其如此辛苦让孩子吃饭，不如从小就培养出孩子良好的饮食习惯。孩子的习惯好了，把吃饭视为"自己"的需求，家长也就不用为孩子的"吃饭"问题大费周折了。

处在生长发育阶段的孩子，对营养的需求非常广泛。现代的家庭，生活条件优越，理应不存在营养问题。但有时事实并非如此，越是在物质条件优越的今天，许多孩子反而越会出现营养不良的问题。而造成孩子营养不良的原因，其实就是孩子不良的饮食习惯问题。

李红红是一名 15 岁的初二女生，平时有挑食的毛病，很多东西都不喜欢吃，吃饭时如果没有爱吃食物就干脆什么也不吃。为此，每当吃饭的时候，父母就为此伤透了脑筋。现在李红红的身高只有 140 厘米，身材矮小、面黄肌瘦，一副弱不禁风的样子，常常生病感冒，近视达 400 多度，常感到视疲劳。孩子如果挑食、偏食，对生长发育非常不利。

生活中，常见的不良饮食习惯大致有以下几个方面：

1. 吃饭时，随便浪费饭菜

随着时代发展，生活中出现了很多肆意浪费粮食的现象：家庭中许多未曾动过的高档饭菜被倾倒进下水道；垃圾桶、废品袋中，躺着整包的面包、饼干……对于这些现象，我们的大人、小孩都见怪不怪，以为生活水平高了，浪费点没有什么大不了的。这就导致了许多孩子一边吃饭一边掉饭粒，吃一半就"吧嗒"一声扔下饭菜跑去玩的现象发生。这一方面反映了孩子的教养问题，另一方面，也表现出对他人劳动成功的极端不尊重，对孩子以后在社会上立足是有害无益的。作为家长，应让孩子明白，浪费不仅是不可取的，而且是一种没有教养的表现，只有自以为很富有的庸人、俗人，才会做出这种低俗表现。

2. 偏食和挑食

在日常生活中，常见许多孩子遇到自己喜欢吃的食物猛吃，看到不喜欢的饭菜就摇头，有的一看见不喜欢的菜甚至会恶心、呕吐……孩子对食物的挑剔，导致营养摄入不平衡、不全面，严重地影响到孩子的身体健康和智力发育。

有医学研究证明：偏食、挑食，不爱吃蔬菜，只喜欢吃大鱼大肉的孩子，因为动物性脂肪摄入过多，这类孩子今后容易患恶性肿瘤和心血管疾病，也容易造成肥胖。

挑食、偏食的影响归纳起来大概有这么几点：

（1）孩子偏食容易导致营养不良，身体抵抗力变低，容易生病感冒，摔跤容易骨折，长期挑食就会严重影响生长发育。

（2）偏食或挑食会使体内某些营养成分不平衡，导致出现生理或心理异常的现象。

（3）孩子如果喜爱吃烧烤食品，体内就会因钙、铬等微量元素的缺少而影响视力，导致眼睛变近视。

（4）偏食还会导致儿童多动症，学习效率也会随之降低。

可以说，不良饮食习惯将会对孩子的心理和生理健康造成极大危害，贻害无穷。

3. 孩子对膨化食品每天爱不释手：薯片、雪米饼、虾条这些膨化食品香、脆、酥、甜，孩子们越吃越爱吃，甚至将其作为主食。其实，膨化食品不但添加大量的膨松剂，更是高糖、高热量、高脂肪。吃得过多会破坏营养均衡，影响孩子正常进餐，妨碍身体对营养物质的吸收。

4. 爱喝高糖饮料。

白开水淡而无味，对于孩子的吸引力自然没有甜甜的饮料那么大。然而饮料虽好喝，却极大影响孩子的生长发育和智力发展。

（1）甜饮料影响发育

儿童因为处在生长发育期，对蛋白质需要量就更大。但甜饮料里的糖分子偏高，如果儿童从甜饮料中摄取了过量的糖分，血液中的糖浓度一直在高水平状态，儿童就没有饥饿感，不能正常吃饭。这样势必对其他营养成分的吸收带来障碍，从而影响孩子的身心正常发育。此外各种饮料都含有糖分和大量电解质，进入胃后会与胃酸、酶等发生复杂的生化反应，不但影响消化功能，还会增加肾脏负担，影响肾功能，长期下去可导致肾炎甚至肾衰。

（2）酸性饮料会使牙齿脱钙

市面上的大部分软饮料出于风味和防腐等需要，一般都是呈酸性的，处于牙齿脱钙的临界 pH 值 5.0 以下，因此当这类饮料接触牙齿表面时，会侵蚀牙面。频繁地长时间饮用各种含酸饮料都能引起牙釉质表面的脱钙及硬度的降低。

青少年正是成长发育的关键时期，合理搭配及科学饮食，身体才会更加健康、强壮，免疫力才能提高，才有精力来搞好学习。因此，应该养成合理饮食的习惯，防止或改变挑食、偏食的坏习惯。

1. 如果长期吃一种食物会出现厌烦心理。因此，家长要不断更新、变换食物花样，炒或煮，红烧或放汤，满足学生不同的新鲜感和食欲。

2. 有的孩子可能会对吃某种食物有很大的恐惧心理，家长要带头品尝，消除其恐惧心理。

3. 挑食、偏食的孩子很多是受父母的影响而形成的。有的父母在孩子面前不吃这，不吃那，无形之中加强孩子的挑食、偏食的倾向。因此，父母一定要以身作则，才能保证孩子的营养全面，使之健康成长。

4. 偶尔带孩子参与厨房的劳动，如择菜、切菜、做菜等，引起他们对饭菜的兴趣，从而增进食欲。

5. 学校要加强饮食健康的宣传，让学生懂得更多的饮食知识，同时讲清挑食、偏食产生的危害，让学生清楚地知道其中的利害关系。

6. 从饭桌上开始观察孩子对食物的偏好，让孩子每顿饭都吃点"山上的""海里的"，这样能让孩子养成比较好的营养意识。

7. 日常生活中甜的东西固然好吃，但不能多吃，不要为了诱惑孩子做某件事情，就拿甜食作为奖品，久而久之，孩子会更加喜欢甜食，为吃到甜的东西不惜一切代价。

8. 少买零食。有些家长怕孩子饿着，以为买一些零食可以补充一下孩子的营养需要，实际上，与饭菜相比，孩子更喜欢零食，从小让孩子养成吃零食的习惯，孩子必然不爱吃饭。只要做到以上几个方面，孩子大都会养成较好的饮食习惯。

另外在日常生活中，家长一定要注意不能用各种饮料代替白开水，应以白开水为主，饮料为辅。在选择饮料上也要选择酸梅汤、纯果汁这样的不含任何食品添加剂、防腐剂的天然的原汁原味饮品为宜。酸梅汤也可以解油腻，当孩子停不下烤肉、薯条和火锅类的食品，常喝酸梅汤可以解除身体的油腻堆积，对孩子的健康很有裨益。

改正挑食偏食不爱吃饭的坏习惯，并非一朝一夕可以完成的，青少年应该努力改掉挑食、偏食的坏习惯，从小事做起，慢慢地改正挑食厌食的习惯。

　　很多孩子存在一边吃饭一边掉饭粒的现象。对此现象，很多家长不以为然，以为生活好了，掉一些饭粒不过是小事情。事实上，习惯的养成都是从小事开始的。家长们一定要记得，"勿以恶小而为之，勿以善小而不为"。只有从小处着手，孩子才能养成良好的习惯。

第四节　勤于锻炼身体好

　　孩子是爸爸妈妈的宝贝，是一个家庭的轴心。为了孩子能健康成长，很多家长三天两头不是补锌就是补钙，他们认为要想身体键康就应该多进补。事实上，家长们忽略了孩子最需要的锻炼，那才是孩子获得健康的补品。

　　爱锻炼的孩子，不仅体质好，精神面貌也会随之变得朝气蓬勃、富有生命力与斗志。孩子只要养成勤于锻炼的习惯，就有了抵御疾病的盔甲。这样，即便有寒流袭来，冷风刮来，孩子都因有着这层盔甲的保护而安然无恙！也只有身体健康，孩子才能投入到无限美好的未来中去。

　　生命在于运动，健康在于锻炼，体育锻炼是孩子身心健康的必要保证之一。青少年时期是身体迅速发展变化时期，同时这一时期也为身体的生长、发育、发展奠定了良好基础，如果这个时候培养好青少年积极参加体育锻炼的良好习惯，就会为一生的健康幸福创造了十分有利的条件。体育锻炼对身体健康有以下好处：

勤于锻炼，才能促进孩子的全面发展。爱锻炼的孩子身体健康，抗病能力强。经常锻炼身体，能使人身体棒、感觉爽，精力充沛地完成学习和工作任务。反之，不爱锻炼的孩子，身体抵抗力低下，稍微风吹雨打，他们就生病。长期如此，影响了学习和工作的正常进行。积极参加锻炼可以增强体质，体育锻炼可以使身体得到全面发展，这完全适应生物学中所说的"用进废退"的原理。

坚持体育锻炼，可以很好地促进青少年身体的正常生长和发育，能促进骨骼发育、生长。儿童的骨骼和肌肉正处在生长阶段，科学的体育锻炼能加速血液循环，增加对骨骼的血液供应，使孩子的骨骼得到更多的养料，加上运动时的跑、跳等活动对骨骼有一定的机械刺激作用，能使骨筋长得壮更坚固。对正在长身高的孩子来说，体育锻炼能促进长高激素分泌及肌肉、韧带和软骨的生长。体育锻炼不仅有助于骨骼生长，而且还能使骨骼变得更加坚硬，对人体可以起到很好的支撑和保护的作用。

坚持锻炼身体，可以提高各个器官系统的生理功能，能够改善呼吸系统的功能。人在体育锻炼过程中呼吸过程加深，会吸进更多的氧气，排出更多的二氧化碳，从而使肺活量增大，肺功能增强。也有利于心血管系统功能的提高，可以提高神经系统调节的能力。

坚持锻炼身体，消化系统的功能被加强，食欲佳，能保证孩子营养的摄入。体育锻炼会增强体内背养物质的吸收，使整个机体的代谢增强，从而提高食欲。另外，体育锻炼还会促进胃肠蠕动和消化液的分泌，改善肝脏、胰腺的功能，从而使整个消化系统的功能得到提高。

坚持锻炼身体，不仅仅强健了体魄，灵活了肢体，还能促进智力的发展，激发孩子潜在的智能。勤于锻炼的孩子，学习成绩通常比较突出。仔细观察，我们就会发现，一个行为迟钝的人是很难学习超群的，因为大脑思维的灵活性与肢体的灵活性是相联系的。很多有学习问题的孩子，他们的视觉跟踪力差，阅读或计算时常常出现丢字、串行、看错数，这和他们的眼肌控制能力差有关。而大脑对眼肌的控制，必须是在充分的活动中展开，像一些有迫踪目标的运动和投掷运动都对眼肌的发展有直接作用。很多注意力不集中的孩子，经测查，他们的内耳前庭发展不平衡，这导致孩子处于情绪不安稳的状态，严重影响了他们的上课听讲和作业。内耳前庭的发展，正是在奔跑等运动中实现的。

坚持锻炼，还能磨炼孩子的意志，塑造其良好的个性心理。

参加体育运动，通常需要克服很多困难、遵守规则、调节和控制某些不利的个性品质，因此能帮助孩子培养坚强的意志、勇敢、果断、积极向上等良好品质。体育锻炼可以提高身体素质和运动能力，提高青少年适应外部环境的能力。

经常进行体育锻炼的人，会比一般人更加乐观和热情。因为体育能增进快乐，帮助人调节情绪。一些研究证明，经常进行体育活动的人，大脑会分泌出一种叫做内腓肽的物质，科学家称之为快乐素，它就是能使人愉悦的秘密。

坚持锻炼，能提高人的生命质量，为孩子提供更多发展机会。身体是革命的本钱，健康的身体是人一生学习生活的有力保障，有健康就有希望，有健康就会拥有一切。

因此，"体育是培养合格人才的最直接、最有效的方法"，积极地参加体育运动，通过体育运动，成为能够支撑祖国和民族未来发展的脊梁。生命在于运动，健康离不开运动。古语曰："流水不腐，户枢不蠹"，同样，人体各器官、各系统"动则兴，不动则退"，让青少年培养起参加体育锻炼的好习惯，从中来陶冶情操，培养良好的情感，使身心健康快乐地发展。

有个孩子从小就受到4名贴身保姆的备加呵护，从1岁到11岁几乎没摔过跤。由于他平时不好动，缺乏应有的体育锻炼，身体的协调能力变得很差，有一次摔倒时，因为身体失去平衡后的瞬间不懂得该怎样来保护自己，结果半边脸上的皮肤全被搓掉了。

在现实生活中，由于长期存在着学习压力大、相关体育教育缺乏等不良因素的影响，青少年的体育锻炼的时间难以保障。现在的青少年很多都不爱活动甚至路都不愿走，而且身体还总觉得累，上课老走神、打不起精神来。青少年缺乏体育锻炼的现状令人担忧。

导致青少年不爱参与广泛的体育活动的原因有以下3点：

1. 孩子们更多的时间用于文化课学习，来应对应试教育，体育锻炼被忽略。

2. 一些孩子没有养成锻炼习惯，吃饱了之后就坐着不动。

3. 吃喝玩乐的花样太多了，孩子们都忽视了体育锻炼。

锻炼的习惯并不是一朝一夕就能养成的。孩子较小的时候，大概最怕的就是体育锻炼了。因为不爱锻炼，加上饮食不当，导致很多孩子年纪小小就成了"小胖墩"，他们缺乏动力，行动迟缓，很大程度上影响了智力。

锻炼身体的好处很多，比如让人的体态变得轻盈、动作变得敏捷、思维转动得更快等等。为了让我们在今后的人生中更有竞争力，我们应该从小就开始养成锻炼身体的习惯。只有这样，才能变得更加漂亮、美丽；也只有这样，才会少生病，更有活力。

同学们，生性懒散的人是不可能获得美好的奖赏的。只有勤于锻炼身体，不偷懒，才能获得健康的体魄。体魄健康了，就能有更多的能力与自信去做自己想做的事情。不爱锻炼，身体不健康的人，往往要失去很多自己渴望得到的东西。

　　美国历史上唯一连任四届的总统罗斯福，少年时期就是一个热爱体育锻炼的人。

　　1921 年夏天，39 岁的罗斯福在坎波贝洛休假期间，不幸患了脊髓灰质炎，疾病使罗斯福瘫痪在床。他一面治疗，一面加强体育锻炼，这样的治疗，效果很显著。通过体育运动，罗斯福的肌肉的功能得到了恢复。罗斯福非常自信地说："我不相信这个娃娃病能够整倒我一个堂堂男子汉，我要战胜它……"

　　病情稍有好转，罗斯福就在病床上活动手脚，和儿子角力，做游戏。他每天借助挂在病床边的器械进行各种力量练习，锻炼肌肉活动功能，然后下床拄着拐杖练习走路，每天增加几步。1922 年，罗斯福回百老汇的信托公司去上班时，因拐杖失去控制，他摔了个仰面朝天。但他并没有气馁，而是爬起来继续前进。罗斯福这种坚韧不拔的毅力，让周围的人都敬佩不已。

　　一位叫洛维特的医生建议他用游泳来治疗疾病。罗斯福听从了大夫的建议，试着用游泳治疗疾病。

　　罗斯福第一次下水时，他觉得四肢舒缓，感觉十分兴奋，因此天天进行游泳治疗。后来，同事介绍他到亚特兰大附近的温泉治疗。他到了温泉，不用撑木，也能在水中站立，慢慢地走动。

1925 年夏天，罗斯福丢去拐杖，开始慢走。当时的报刊用显眼的大字标题"游回健康"来报道他战胜疾病的事迹。

游泳治好了罗斯福的疾病。罗斯福任总统后，仍然坚持游泳，还在炎热的夏天里打高尔夫球，一天至少活动 45 分钟，他还喜欢跳过一排排的椅子。

运动使罗斯福身材健美强壮，容貌不减当年。耶鲁大学著名教授沃特·坎普说："罗斯福体形优美，像一个运动员那样肌肉发达。显然，这是跟总统先生的爱运动是分不开的。"

运动不仅能战胜疾病，还能让人身心保持年轻。这就是体育锻炼的好处。在日常生活中，我们也应该做一个热爱运动的孩子，不管生活多么忙碌，都不要忘记让自己投入到体育锻炼中去。

当然，坚持锻炼是需要意志参与的，一个意志不坚定的人是很难做到坚持持久锻炼的，所以，如果我们不想成为一个软弱的人，就先从坚持锻炼身体开始训练自己！

有些孩子天生身体孱弱，这样的孩子更需要锻炼。只有勤于锻炼，健康自然就会找上门来。

前面讲过，锻炼身体能促进孩子身体的正常发育和身体各部器官组织的功能得到健康的发展，锻炼身体，还能提高身体对自然环境的适应能力和对疾病的抵抗能力。孩子处于生长发育和素质发展的敏感期，可塑性很强，作为家长，应该抓住这个时机，培养孩子自觉锻炼身体的习惯。

孩子要养成爱好锻炼的生活方式，首先要形成对体育运动的兴趣，为此，父母可以从以下几个方面入手：

1. 鼓励孩子多到户外活动，呼吸新鲜空气，接受阳光照射。

2. 经常带孩子去公共场所观看他人运动，感受运动给人带来的活力，从中获得熏陶和感染。

3. 给孩子创造机会，参加一些运动游戏，尝试完成一些较难的动作或完成一项较复杂的游戏任务，扮演一个主要角色及遵守共同的约定等，品尝游戏中的乐趣。

4. 让孩子通过电视、书籍等了解一些体育常识。

其次，家长要帮助孩子选择适合他们的锻炼形式。

体育运动的多样化决定了锻炼形式的多样化，让孩子自己选择最适合自己的形式，有助于他们更长久地坚持。

第三，家长要鼓励孩子循序渐进有计划地进行体育锻炼。

孩子的年龄小，肌肉发展不够成熟，耐力相对大人要差一些，心脏负荷相对也小。因此，做任何动作都应该逐步适应，慢慢掌握，活动量也要逐渐加大，不要操之过急。在孩子刚开始进行体育锻炼时，强度不要太大，只要有些微汗，面部觉得有些发热，动作协调，活动量就是比较适宜的。告诉孩子，"罗马不是一天建成的，"体育锻炼对人的影响是潜移默化，而非立竿见影的。

第四，在孩子制订锻炼身体的计划时，要注意以下几点：

（1）每天有定时、定量的安排，比如早晨六点半至七点是长跑的时间，临睡前做 30 个仰卧起坐等。

（2）灵活安排地点。天气好可以选择户外活动，天气不好时则应安排室内活动。

（3）多种锻炼方式结合，避免活动单一化，这样可以激发孩子对锻炼的兴趣。

（4）可以和伙伴、家人一起进行，既能相互鼓励和监督，还能进行一些集体性的活动。

第五，鼓励、监督孩子坚持不懈。

要孩子坚持每天锻炼身体，难就难在"坚持"二字。坚持就意味着要有更多的努力和付出，更多的汗水和忍耐。如果孩子有些时候实在无法控制自己，家长则应该在旁边给予鼓励与监督，让孩子得到精神上的鼓励与支持。

家长还应注意：

（1）对于不爱锻炼的孩子，家长不能使用讥讽、责骂之话："你看看你，都胖成这样了，还不爱锻炼，你还想胖得跟猪一样吗？"这样的话，对孩子而言不仅仅是一种人身攻击，还是一种人格上的侮辱，若孩子长期处于一种病态的心理中，是很难健全健康的人格的，这些过激的言语将导致孩子不自信、自卑等心理的滋长。

（2）"我命令你的，你照做就是了！"有很多家长恨铁不成钢，当发现孩子懒惰、不爱运动时，难免会用严厉的语气命令孩子做他们不爱做的事情。事实上，既然是命令，也就只有服从与不服从的道理，孩子若不乐意服从，你不但觉得颜面无光，也让亲子间的矛盾加深。

（3）"这么简单的动作，你怎么老做不会？"一些运动敏捷度不够的孩子，往往反复做一个动作却老做不会。这个时候，最忌讳的就是家长在旁边"添油加醋"让孩子觉得自尊受损，更对自己是否能够做好这个动作充满了挫折感。

为了让你的孩子能够更"听话"，更能理解你的苦心，请多鼓励孩子、表扬孩子。很多时候，孩子的天赋与才能是鼓励出来的！

所以，多对孩子的表现说"好，很好，非常好，有进步"等激励性语言，不对孩子的行为说"太笨了，简直不堪入目，你怎么这么笨"的话。

一个身体健康的孩子，他必定心态同样健康，因为父母给予他的是健康人格与身体的双重锻炼！

培养良好习惯的N个法则 下

PEIYANG
LIANGHAOXIGUANDE N GEFAZE

孙丽红◎编著

中国出版集团
现代出版社

图书在版编目（CIP）数据

培养良好习惯的 N 个法则(下) ／ 孙丽红编著. —北京：现代出版社，2014.1

ISBN 978-7-5143-2101-2

Ⅰ. ①培… Ⅱ. ①孙… Ⅲ. ①习惯性 - 能力培养 - 青年读物 ②习惯性 - 能力培养 - 少年读物 Ⅳ. ①B842.6 - 49

中国版本图书馆 CIP 数据核字 (2014) 第 008502 号

作　　者　孙丽红
责任编辑　王敬一
出版发行　现代出版社
通讯地址　北京市安定门外安华里 504 号
邮政编码　100011
电　　话　010 - 64267325 64245264 (传真)
网　　址　www. 1980xd. com
电子邮箱　xiandai@ cnpitc. com. cn
印　　刷　唐山富达印务有限公司
开　　本　710mm ×1000mm　1/16
印　　张　16
版　　次　2014 年 1 月第 1 版　2023 年 5 月第 3 次印刷
书　　号　ISBN 978-7-5143-2101-2
定　　价　76.00 元(上下册)

目　录

第四章　良好卫生习惯保健康

第五章　良好品行奠基成功人生

第六章 好习惯构成人的正能量

第四章　良好卫生习惯保健康

第一节　良好卫生习惯的重要性

　　良好的卫生习惯是一个国家、民族素质的重要体现，是一个国家综合国力的重要展现。对于个人来说，是否讲卫生，反映出一个人的思想觉悟、道德水平和文化素质的高低，反映出一个人的精神风貌。良好的卫生习惯，能让孩子的精神面貌大大改善。在良好卫生环境下成长起来的孩子，往往是朝气蓬勃、精神焕发的人。这样的孩子比其他的孩子容易让人喜欢。而一个人如果衣食住行一塌糊涂，特别不注重个人卫生，常常衣冠不整，邋里邋遢，那么，这个人在精神上也必然是散散漫漫。这不但影响到他的个人气质，还影响到别人对他的印象，影响了孩子今后的人际关系与个人发展。

　　中华民族是一个优秀的民族，自古以来十分看重人的道德品质，历来注重良好卫生习惯的养成。孔子说："道之以德，齐之以礼，有聘目格。"人一旦养成一个习惯，就会自觉地在这个轨道上运行。是好习惯，则会让人终生受益，反之，就会在不知不觉中影响人一辈子。《小学生日常行为规范》第九条明确规定："穿戴整洁。经常洗澡，勤剪指甲勤洗头，早晚刷牙漱口，饭前便后洗手。不随地吐痰，不乱扔果皮纸屑。"良好卫生习惯是人成长，实现可持续发展的基础，是学校教育的重要组成部分，也是全面素质教育的需要。良好的个人卫生习惯，不但有利于保持校园良好的卫生，而且还体现了小学生的文明气质，影响着将来的整体素质。因此，从小培养他们良好的卫生习惯，显得特别重要。小学时期少年儿童大脑模仿性和记忆性都很强，容易接受外界的影响，对获得卫生知识的兴趣浓厚。这正是逐步养成各种良好卫生习惯的重要阶段。

通过对学生讲卫生意识和个人卫生习惯状况进行的调查发现：由于目前农村卫生状况、家长重视程度等原因，小学生卫生习惯形成较晚，卫生习惯方面存在很多问题：如乱丢纸屑、瓜皮果壳，随地吐痰；乱吃零食以及吃零食后随手乱扔包装袋；在墙壁上乱涂乱画；看书做作业不注意用眼卫生；环保意识薄弱等等。

学校健康教育可以通过有计划、有组织地开展多种形式的教育活动，使学生获得必要的卫生知识，树立健康的价值观，培养巩固健康行为。

实施素质教育，就是要教给孩子终生有用的东西，教育的实质就是要养成良好的习惯。良好的卫生习惯是现代人应具备的基本素质，也体现了一个人的修养。

良好的卫生习惯往往可以产生迁移的作用。如：有良好的卫生习惯对学生的学习、品德的形成，高尚情感的培养方面起到相辅相成的迁移作用。学生在生活中处处爱清洁、讲卫生，能迁移到学习上、工作上、生活上，成为一个时时处处比较自觉、办事细致认真、热爱集体、遵守社会公德、讲究精神文明的人。培养少年儿童良好的卫生习惯，使他们从小懂得讲卫生光荣，不讲卫生可耻。总之，卫生习惯的养成是培养素质全面发展的学生的基础，培养学生良好卫生习惯在素质教育中有着重要的作用。

心理学研究表明：先天素质是个性发展的前提条件，后天养成是个性发展的决定条件。习惯不是与生俱来的，而是后天培养的。培养良好的习惯是持续的生命成长工程。良好的卫生习惯将会使孩子受益终生。学生阶段养成良好的卫生习惯，孩子们长大后就会选择和坚持健康的生活方式。

良好卫生习惯，包括环境卫生习惯、生活起居习惯、饮食卫生习惯、用眼卫生等。学生卫生习惯的好与坏，是关系到学生个性品质发展的重要因素，学生养成了良好的卫生习惯，既

PEI YANG LIANG HAO XI GUAN DE N GE FA ZE

保持了环境的整洁，又增强了他们对疾病的免疫力。促进学生的生长发育，增强学生的体质，使学生的精神面貌得到改善，促进学生其他良好行为习惯和完美人格的形成，使其受益终生。而且对改变我们国家和民族的卫生面貌和道德风尚也有极其深远的意义。

培养孩子的良好的卫生习惯，有益于孩子身心健康的成长。

首先，良好的卫生习惯可减少一些皮肤病、寄生虫病、胃肠道疾病、传染病的发生。对于年幼的孩子来说，他们的体质较弱，如果没有良好的卫生习惯，就很容易染上各种疾病。俗话说"病从口入"，就说明了是否讲究卫生，直接关系到人的健康。所以，讲卫生的孩子，身体一般会更加健壮。

其次，良好的卫生习惯能让孩子的心情保持一种愉悦的状态。如果孩子整天脏兮兮，邋里邋遢的，自己的脏衣服、臭鞋袜堆积如山，书本、玩具随便乱放。因为混乱，导致孩子没有办法集中精力做好每一件事情，这样的孩子心情往往烦躁不堪。相反，一个讲究卫生的孩子，势必会整理好自己的衣物，使之规整，这样，孩子做什么事情都神清气爽，效果比较好，也促进了良好情绪的产生。

整洁的服装能使人产生自尊心，有良好卫生习惯的孩子往往也比较自信，因为他们从镜子中看到的自身形象是让人满意的。在自我认可的情况下与人交往，孩子自然自信心倍增。相反，如果一个孩子不讲卫生，不修边幅，他很可能从他人那里感觉到嫌恶与不友善，这将导致孩子产生自卑感。

我们不仅仅要讲身体卫生，环境卫生，还要讲精神卫生，防止精神污染，作为青少年，要不断地加强道德修养，学习法律知识，远离不良诱惑，不去网吧，不浏览不健康的网站，保持心理健康，精神健康。

有一位老先生，10 年之内做过 5 年的访问学者，且都是发达国家。从硕士、博士到博士后一路走来，其学术成就也令业内人士肃然起敬。然而就是这么一位有身份的先生起身很本能地清扫垃圾，不但将自己喝过的一次性纸杯拿走，而且将桌上的纸杯、水果皮都清扫得干干净净，一齐丢到楼下的垃圾桶里，与他同行的人不好意思，他反而安慰道："没关系，我已经习惯了"。就是他的这种习惯，让我想到了我们天天高喊的素质教育，到底什么是素质，有时我想：素质就是细节，就是各种良好的习惯。我们的教育，切不能忽略细节，素质教育要从细节抓起，特别是各种良好习惯的养成，当然包括良好卫生习惯的培养。

教育家苏霍姆林斯基说过："一个孩子为了浇花，开始提了一小桶水，接着他又提第二桶、第三桶、第四桶，结果，他累得满头大汗。这时，你不必担心，因为对他来说，这其实是世界上任何一种别的喜悦都不能够比拟的真正喜悦。在这种辛勤的劳动中，孩子不仅可以了解到世界，而且可以了解到他自己。童年时期的自我教育正是从了解自己开始的，而且这种自我了解是非常愉快的。像这样，孩子在慢慢地体验无与伦比的劳动乐趣的同时，还可以通过这件事来认识他自己。"

因此，要帮助孩子热爱劳动，老师应告诉家长要重视对孩子进行劳动教育，家校配合，每周布置一点家庭劳动任务，如洗红领巾、洗抹布、整理书柜、扫地拖地等；在学校，制止那些要帮助值日生做事的家长，应该让孩子做一些力所能及的事情，同时以社会生活实际和家庭生活实例等告诉孩子劳动的重要性，让孩子从思想上认识到劳动的光荣，劳动的伟大。

总之，良好卫生习惯的养成非常重要。良好的卫生习惯是保证孩子身体健康的必要条件。爸爸妈妈们从小培养孩子良好的卫生习惯，可以帮助孩子成为一个有教养的文明公民。而且它不仅仅影响到孩子的现在，还会影响到孩子的未来。所以，我们要从小培养孩子良好的卫生习惯。

作为青少年，更应该担当起将来建设祖国的重任，从现在做起，从自我做起，养成各种良好的卫生习惯。

第二节　爱护眼睛讲卫生

眼睛是对宝，学习生活都离不了。眼睛是心灵的窗户，人的眼睛近似球形，位于眼眶内。正常成年人其前后径平均为24mm，垂直径平均23mm。最前端突出于眶12～14mm，受眼睑保护。眼球包括眼球壁、眼内腔和内容物、神经、血管等组织。眼睛主要由屈光调节系统和视觉感受系统组成。眼睛就如同一部全自动照相机，由角膜、瞳孔、房水、晶状体、玻璃体和睫状肌等组成的屈光系统相当于照相机的镜头，起聚焦成像的作用。眼内的视网膜和大脑的视觉皮质中枢等则相当于照相机的感光底片和电脑控制系统，能够接收外界光信号并成像。

我们做每一件事都需要用自己的眼睛来区分辨别。可是，近年来，青少年的视力减退出现了逐年增高的趋势，学生中近视的发病率增高的现状令人触目惊心，戴近视眼镜的学生越来越多，青少年近视眼已经成为一个严重的社会问题。所以我们要爱护眼睛防近视。

青少年近视的原因：

1. 用眼过度。有的学生不注意用眼卫生，连续几个小时地看书。如果眼睛长时间处于紧张的状态，久而久之，眼球的前后轴就可能会变长，每增长1毫米眼睛的近视就达300度。

2. 错误的读写姿势。很多青少年写字握笔距离笔尖比较短，有的甚至连一个厘米的距离都不到，读写距离太近会容易导致视力下降。

3. 缺少经常运动。运动有利于保持良好视力及矫正不良视力。一般来说，男同学比较喜欢运动，近视率就低些。女同学的运动量相对来说比男同学少了，近视率就高出了很多。

眼睛是用来认识世界及学习知识的重要窗口。一旦失去了明亮清晰的眼睛，世界将是黑暗的。视力减弱会导致学习和生活非常不方便。只要大家努力去做，好好地爱护它，相信每个人都会拥有一双明亮清澈、炯炯有神的大眼睛。保护我们的眼睛要做到：

1. 调理饮食结构。少吃甜食及辛辣食物，如果糖分摄入过多，体内血液环境中就会呈酸性，易造成因为血钙的减少而影响眼球壁的坚韧性，从而会增加眼轴的伸长，导致近视眼的发生。平时要多吃水果蔬菜、豆类及动物肝脏等，合理地获得天然糖分和维生素等。

对眼睛有益的食物有哪些呢？

蛋白质：瘦肉、禽肉、动物内脏、鱼、虾、奶类、蛋类等含有丰富的动物性蛋白质，而豆类含有丰富的植物性蛋白质。

维生素A：维生素A的最好来源是各种动物的肝脏、鱼肝油、奶类、蛋类，以及绿色、红色、黄色的蔬菜和橙黄色的水果，如胡萝卜、菠菜、韭菜、青椒、甘蓝、荠菜、海带、紫菜、橘子、柑、哈密瓜、芒果等。人体摄入足量的维生素A，不仅利于消除眼睛的疲劳，还可以预防和治疗夜盲症、干眼症、黄斑变性。

维生素 C：维生素 C 含量较高的食物有：鲜枣、青菜、卷心菜、菜花、青椒、苦瓜、油菜、西红柿、豆芽、土豆、萝卜、柑橘、橙、草莓、山楂、苹果等。

钙：食物中的豆及豆制品，奶类，鱼、虾、虾皮、海带、墨鱼等水产品；干果类的花生、核桃、莲子；食用菌类的香菇、蘑菇、黑木耳；绿叶蔬菜中的青菜秧、芹菜、苋菜、香菜、油菜薹等含钙量都比较丰富。另外，科学的烹调方法也可以增加人体对钙的吸收，比如在红烧排骨或炖排骨时放点醋，使骨头中的钙能够充分地游离到汤中，利于人体吸收。

2. 用眼要卫生。不要长时间近距离的读写、看电视、上网等；不要在太强太弱的光线下读写，台灯的距离应该是左前方 1 尺（33 厘米）左右；室内照明灯距离桌面最好 1.4 米；看电视要有节制，眼距离电视机对角线 6 倍以外来观，观看时间最好是 40 分钟休息 10 分钟。

3. 用眼要科学。读书写字要记住"三要"，即眼要离书本一尺、胸部要离桌子一拳、手指要离笔尖一寸；走路或乘车时不看书；躺着或趴着不要看书；劳逸要结合，用眼时间应每隔 50 分钟休息 10 分钟。

4. 定时做眼保健操。眼保健操是依据祖国医学经络及推拿学说理论，糅合医疗体育而形成的一种保护眼睛的按摩法。通过按摩眼睛四周的穴位来达到增强眼眶血液循环，改善神经的营养，消除眼内过度充血，从而解除眼疲劳的目的。实践表明，定时坚持做眼保健操，对保护视力及预防近视具有很重要的意义。每天可做好几次，选择课间的休息时间来做。

爱护眼睛要常洗手。常有许多孩子不爱洗手，因为他们并不知道洗手的重要性，要想让我们的孩子养成勤于洗手的习惯，家长不妨给孩子讲讲《眼睛长"虫"的小男孩》的故事，这一个故事对孩子卫生习惯的养成大有帮助。

有一个小男孩最近几天总觉得眼睛痒痒的，爸爸妈妈仔细察看后发现，儿子眼睛里竟然有数条白色"细丝"在游动。这一发现可让爸爸妈妈吓了一大跳！于是，他们马上把孩子送到儿童医院眼科。

主治医生检查后发现，小男孩的双眼眼球结膜里竟然有线状虫体。医生立即用专用镊子夹虫子，竟连续夹出了十几条小虫子。这些小虫呈乳白色，长约1厘米。

医生经病理检查发现，这种小虫就是儿童体内常见的寄生虫——蛲虫。"眼睛里爬出十几条蛲虫，我还是第一次见到。"眼科医生惊讶地说，蛲虫一般寄生在人体肠腔内，怎么会跑到眼睛里去了？

经过询问，医生明白了，因为小孩子大便之后经常没有洗手，蛲虫虫卵常黏附在肛门周围，小男孩用粘着虫卵的脏手擦眼睛时，将虫卵带进了眼内。虫卵在眼睛里成虫后，便在里面肆意游动。蛲虫寄生在眼睛里，会引起结膜炎，严重的可能损伤视神经，导致失明。

小男孩和爸爸妈妈听了，都倒吸了一口气。从此以后，小男孩非常注意勤洗手，成了爱护眼睛讲卫生的孩子。

"眼睛"也能长虫？孩子在震撼之余已经明白了"洗手"的重要性。此时，家长即便没有过多的道理，孩子"洗手"的信念已经在幼小的内心深处根植。这比我们唠叨一万遍"孩子，你要洗手呀，不洗手会生病，会影响眼睛的"管用多了！

俗话说，病从口入。许多青少年由于从小没有养成饭前便后洗手的习惯，吃饭时用脏脏的小手拿碗筷，有的孩子为了方便，直接用手抓着吃。

手是人体的"外交器官"，人们所从事的一切"外事活动"，比如从事倒垃圾、刷痰盂、洗脚等，都要依靠手来完成。因此，手很容易沾染上很多病原体微生物。

科学家曾经做过一个调查，一只没有洗净的手，上面至少含有4万~40万个细菌。指甲缝是细菌藏身的好地方，一个指甲缝里藏有38亿个细菌。还有人做过测试，如果急性痢疾病人用5~8层的卫生纸，那么痢疾杆菌也会渗透到手上，痢疾杆菌在手上能够活3天。流感病毒在潮湿温暖的手上甚至可以存活7天。

传染病的患者和一些表面看起来身体健康而实际身体内带

有某种病毒者，会把致病微生物传播到各种生活用具上，当健康人的手触摸后，就可能会把细菌带入体内，导致疾病的发生。

养成饭前便后洗手的好习惯可除掉黏附在手上的细菌及虫卵，用流水来洗手，可洗去手上的 80% 的细菌，如果用肥皂洗后再用流水冲洗，可洗去手上达 99% 的细菌。同时要注意，洗手不能多人共用一盆水，防止交叉感染导致传播疾病，洗手时间应超过 15 秒。

第三节　爱护牙齿有规律

青少年患口腔疾病的越来越多了：冷饮不能吃，一吃就牙痛；川菜也不行，一吃就上火。牙龈炎是随着身体进入青春期，乳牙逐渐地被恒牙替换，新长出来的恒牙排列不整齐，容易出现牙龈炎。牙龈炎除了与身体发育中体内激素的变化有关外，还与不注重口腔卫生有很大关系。

王亮今年 16 岁，经常不刷牙。这段时间，意识到口气不好会影响到形象，才挤出时间要好好刷牙。没想到刚刷牙牙龈就出血了。牙龈又红又肿，牙齿也变得松动了，无力咀嚼食物，最后不得不来到了口腔医院。

引起牙龈炎的重要原因就是口腔不清洁，孩子刷牙不仔细，牙齿上就会堆满牙菌斑，牙龈组织炎症的细菌团块就会在牙齿的周围滞留，导致牙龈炎。牙龈炎的龋洞虽小，危害却很大，应注意加以防治。保护好口腔卫生的办法有以下几点：

1. 饭后要及时漱口。牙齿缝间常有食物残渣。终引起细菌繁殖，漱口可以把牙齿中残存的渣滓去掉，防止龋齿的发生。因此，一定要养成饭后及时漱口的卫生习惯，每餐饭后用温水漱口，用茶水漱口更佳。

2. 坚持每天早晚刷牙。刷牙除了清洁牙齿，还能对牙床起到按摩的作用，促进牙床的血液循环，增进牙周组织的健康，使牙齿变得更坚固。

（1）每次刷牙时间至少3分钟，这样可以促进牙膏与牙齿的充分接触。牙齿与牙膏的接触时间如果太短、接触不充分，牙膏的按摩、清洁、杀菌等功能就很难完全发挥。牙周炎患者由于其牙间隙变得比较宽，建议可根据病情程度的轻重，将刷牙时间控制在10分钟左右。

（2）注意正确的刷牙方法很重要，很多人习惯于拉锯式地横着刷牙，这种方法不仅刷不干净，而且还容易损伤牙齿及牙根。

正确的方法应该是用竖刷法来刷牙，刷牙时牙刷来回地上下移动，上下、里外及咬颌面都要尽量刷到，每面要刷10次以上。

（3）饭后切忌马上刷牙。因为用餐时吃的酸性食物黏附在牙齿上，牙釉质变软，如果此时接着刷牙，牙釉质被破坏，减少了牙齿表面的珐琅质，极易患牙齿本质过敏症，吃食物就会出现酸、痛的症状。

3. 一旦得了龋齿病应该及早治疗。有的青少年得了"虫牙"，却害怕去医院治疗，这是不对的。要早发现，趁早请医生治疗，把受损的牙洞及时填补起来，如果牙齿损坏很严重无法修补了，就需要把"虫牙"及时拔掉，以防病情的继续发展。

第四节　勤洗勤换才健康

洗头洗澡可不能懒惰。皮肤是身体的一道天然屏障，而人体每时每刻都处在新陈代谢中，经常洗澡可使皮肤保持清洁干净。人体每天都从皮肤排出大量汗液和脂溢性物质，这些物质是细菌繁殖和生长的良好"土壤"，如不清洗，可致皮肤多种疾病，如疖、痈、疮等，外伤后还容易感染，养成勤洗澡的习惯，对防病也有好处。头发有保护头皮的重要作用，可以保护头皮不受外界刺激，头发上往往会黏附着很多污垢，刺激头皮从而使人产生瘙痒感。不经常洗头，会使头发散发出臭味，还会生头虱。因此要勤洗头、洗澡。

正常人一般每周洗澡 1～2 次较好。如果洗澡比较频繁，皮肤里的角质层就会受到伤害，保护皮肤的作用就会减弱，皮肤细胞内的水分就会很容易地被蒸发掉，而导致皮肤疾病，其中最常见的就是皮肤瘙痒。除此之外还要注意洗澡的方法。

1. 水温保持在 24℃～29℃。水温如果过高，皮肤表面的油脂容易被破坏，毛细血管扩张，皮肤变干燥，不仅使皮肤受到很大损伤，心脏负担也会增加。

2. 洗浴时间不要太长。盆浴最好 20 分钟，淋浴一般要 3～5 分钟，不然，皮肤表面会脱水。

3. 如果皮肤不是非常的油腻，选择中性的浴液和香皂比较好，但不能天天用，两三天用一次。浴液在身体停留的时间也不宜过长，一定要冲洗干净，不然会伤害到皮肤。

4. 洗完澡后，全身最好涂抹一些润肤露，表皮水分才不易挥发，干燥瘙痒症的情况就不会发生。

洗头水温度一般在 31℃～38℃。用冷水洗头会刺激脑部的神经，产生头痛、头晕。用热水洗头，不仅可以提神，还能保护发质，不容易脱发。

1. 洗头次数最好隔天洗一次。天天洗头不仅不能保护头发，还可能对头发造成很大的伤害。因为洗头太过频繁会把皮脂腺分泌的油脂彻底洗掉，头皮和头发就会失去天然的保护膜，这样对头发的健康不利。

2. 清洗头部的时候还要注意选择好洗发液，避免使用太过碱性的洗发液，最好使用护发素。

勤洗头洗澡能够反映出一个人的生理与心理的健康状况。总之，勤洗头、勤洗澡对增进青少年身体的健康及预防疾病有着重要的意义，只有养成这种良好的习惯，才能健康快乐地成长。

养成良好的卫生习惯需要从以下几方面着手：

1. 保持身体卫生。家长要从小要求孩子勤洗手、洗脸，勤理发、洗头、洗脚、洗澡、剪指甲，这不仅能清洁身体，保持个人卫生，而且能够促进血液循环，增进健康。

2. 保护好牙齿。家长要督促孩子早晚刷牙、饭后漱口、睡觉前不吃糖果饼干等，并且养成固定的习惯。

3. 保持仪表整洁，教孩子经常注意自己的衣服是否干净整齐，所有的扣子是否扣上了，鞋带是否系好了，头发是否整齐。让孩子了解，关注自己的仪表是素养高的表现。不关注自己仪表的孩子会让人看不起。

4. 保持周围环境整洁的良好习惯。不乱扔果皮等垃圾，不随地吐痰和擤鼻涕，不随地大小便；不乱涂墙壁，不踩桌椅。不仅在家里要做到这点，而且在公园、电影院、公共汽车等公共场所也要做到。

第五章　良好品行奠基成功人生

第一节　道德高尚品行好

一、尊老爱幼好风尚

尊老爱幼自古就是中华民族的优良传统。我们要为有这样的传统而感到自豪和骄傲。青少年是未来的主人，应该继承和发扬这一传统的美德。古往今来，有无数尊老爱幼的事例，想起就如沐春风，深深感动着我们的心灵。

孟子有一句名言："老吾老以及人之老，幼吾幼以及人之幼"。敬老爱幼是值得称赞的事。当今我们社会对尊老爱幼也十分重视，例如建立了许多所孤儿院和养老院，让那些孤独老人能安享晚年，让那些被父母遗弃的孤儿能过上正常人的生活，有一个快乐的童年……

从小被外婆养大的女孩杨贵，通过打工读完高中，考上上海复旦大学，24岁的她带着外婆去上大学，每天生活节俭，穿着朴素，书本全是手抄的，课余时打工赚钱养活外婆生活。

无独有偶，在南开大学读书的河南男生田书，靠课余打杂工挣钱供弟弟读书，他说："我是哥哥，要担起责任……只要有我一口饭，就有弟弟的份。"

青少年是祖国的未来和希望，青少年的文明素养应该引起人们的格外关注。现在，一些孩子长期受到父母的宠爱，文明礼仪缺失的现象比较明显。家长给予孩子们的爱太多了，从而使他们忘了做人的基本道德礼仪。因此，父母应该停止对孩子盲目的"爱"，应该在孩子的品德思想上加以教育。穷点、笨点，关系不大，关键是人品好，懂礼仪，知尊重，尊老爱幼……这些对青少年成长意义更为深远。

那么到底怎样才能做到尊老爱幼呢？尊老爱幼不只限于赡养自己的父母、抚养自己的子女，而且要求用真实感情去对待社会上所有的老人及儿童。尊老不只是对老人应有的关心和照顾，更是一种继承前辈"财富"的善举；爱幼不只是对弱小的爱护及扶助，更是为了祖国的未来，使我们的事业后继有人。

尊老须做到：

1. 公共场所为老人提供方便，帮老人搬重物、给老人让座、上下车帮忙搀扶老人等。

2. 对待家里老人，不仅要保障老人们的物质生活，还要在精神上给老人体贴，禁止嫌弃老人甚至虐待老人，要依法保护老人的合法权益。

3. 积极倡导尊老、敬老、助老的道德风尚，用实际行动热心为老人办好事、办实事。

爱幼须做到：

1. 父母要承担起抚养和教育子女的责任，除了生活上关心和照顾外，还要用高尚的道德、远大的理想和先进的科学文化知识来培育子女。

2. 青少年在社会上要做热心少年，积极参加少年社会福利事业，爱护和帮助幼小儿童，帮助他们健康成长，反对迫害、摧残及伤害那些被遗弃儿童的行为。

二、爱护公物扬美德

爱护学校的公物，是青少年学生最基本的品德。爱护社会公物，也是青少年应该具有的公共意识。但是，目前青少年学生损坏公物的现象时有发生：不走正道，专门践踏草皮；开门不用钥匙而用拳打脚踢将门窗损坏；不关水龙头；用小刀随手刻画……凡此种种，不胜枚举。这些现象虽然只是少数，但却令人深恶痛绝。

社会公共的大环境作为我们学习、生活的主要场所，维护在这个环境里的公共秩序、爱护公共物品，是我们每个公民的责任，也是我们生活和谐安定的保障。虽然对待公物的事情看似很细小，其实对个人的形象有很大的影响。如何对待社会公物，直接反映了一个人的道德指数以及公德心。因此，爱护公物，维护我们美好的生活环境，人人有责。

希望青少年都能做一个爱护公物的有心人，扶起每一株草，从我做起，从身边的小事做起。作为青少年学生更要爱护公物，原因有以下几点：

1. 爱护公物是维持集体生活的需要。一切公共设施，都是为全体公民服务的公共设施。试想，如果大家都不能爱护公物，那么，每个人的学习、生活、工作都会受到影响。

2. 爱护公物是培养学生良好行为习惯的需要。学生处于学习知识的阶段，更是学做人的黄金时期。这一时期，良好行为习惯是否形成，对于今后步入社会以及成家立业，有着至关重要的作用。因此，培养爱护公物的良好品德对青少年的未来至关重要。而那些损坏公物的行为将为社会、为人们所不齿。

3. 爱护公物是学生遵规守纪的需要。学生的行为习惯，都要以《学生日常行为规范》为指南，这些条例对爱护公物有明文规定，不容置疑。损坏公物，一旦被学校发现，必将从严处理。

因此，青少年学生爱护公物要从自己做起，从身边小事做起，人人都要培养一颗文明的公德心，成为一名高素质的好学生。

1. 青少年要从思想上认识爱护公物的重要性，认识到良好和谐的公共环境是来之不易的。

2. 要杜绝一切损坏公物的恶劣行为，对于损坏公物的行为，学校及社会将加大查处的力度。

3. 同学们要互相监督，每一位同学都要互相监督，伸出爱护公物的正义之手，监督并举报损坏公物的极个别行为。

三、团结他人多友爱

在湖南省师范大学教育系里，有两位比较特殊的学生，他们一位叫周冲，另一位叫王伟。他们其中一个双耳失聪，一个双目失明。然而，他们两个人组成了"海伦·凯勒"号舰队，两人在学习上互帮、生活上互助。周冲听不清看得清，他做了王伟的眼睛；王伟虽看不清却听得清，他做了周冲的耳朵，两人扬长避短、取长补短，在学习上取得了优异的成绩。

他们之所以会取得成功，那是因为他们团结友爱，互相协作，这是他们成功的法宝。"兄弟友爱同心"、"兄弟齐心，其力断金"等，都是这一个道理。一根筷子非常轻易地就会被折断，10 双筷子牢牢握在手里很难被折断。毛泽东说："不但要团结和自己意见相同的人，而且要善于团结那些和自己意见不同的人，还要善于团结那些反对过自己并且已被实践证明是犯了错误的人。"友爱是力量，只有团结友爱，才会产生巨大的力量和智慧，才能去克服一切困难。

《三国》里面有关于团结友爱的经典故事，其中刘关张桃园三结义，就是贯穿三国期间最绮丽感人的主线。三兄弟的情谊在汉末战乱中比金坚。三英战吕布、报仇攻孙吴……三人的兄弟之情特别是关云长情深义重，衍生出了太多脍炙人口的感人故事。

友爱团结是力量。雷锋曾说："一滴水只有放进大海里才永远不会干涸，一个人只有当他把自己和集体事业融合在一起的时候才能最有力量。"小到一个人一个家，大到民族国家，都需要团结友爱。作为新一代的青少年，我们更应该在呼吁团结友爱共建和谐社会，努力学好科学文化知识的同时，与同学团结友爱、互帮互助，让友爱之花开遍每个角落。

但是，生活中我们也不免看到，有学生平时总爱和同学发生点小矛盾，今天和这个同学不说话，明天和那个同学闹意见；别人在休息或者学习时，毫无顾忌地大声喧哗、追逐打闹，从不设身处地为别人着想一下，给别人造成很大的干扰；稍有不顺，张口就骂，甚至拳脚相加；不分场合，不分对象，取笑别人……

张振宇那首《中国一家人》正是团结友爱的写照："黑色的眼睛，黄色的皮肤，到哪里都是一家人。同样的血脉，同样的灵魂。同样的心，同样的根，同样的手足情深。手牵手，筑起钢铁的长城，心连心，因为我们都是一家人。"人与人相处仿佛是在照镜子，你想得到什么样的回报，你就要怎样付出。同学之间是兄弟姐妹，一个班级就是一个大家庭，彼此要互相礼让、互相关心，有不同意见可以互相协商解决。在家里，父母是永远的靠山，在学校，同学朋友永远是左膀右臂。团结友爱是人生不可缺少的道德品质，唯独拥有这种优秀的品质，我们才能担当起建设祖国的重任，社会才能和谐发展。

四、热爱劳动好作风

随着人们生活水平的日益提高，父母让孩子们过上了无忧无虑的好日子，这本是值得庆幸的事。然而正是如此，有不少学生缺乏劳动的意识，成了家中衣来伸手、饭来张口的"小公主"、"小皇帝"，有的甚至于还养成了"好逸恶劳"的不良习惯。有些孩子，懒得铺床叠被，懒得收拾书包，懒得洗脚、洗脸，甚至连喝水吃饭也懒得自己做……如果不从小培养良好的劳动习惯，训练劳动技能，长此以往，无论是对他们本人的发展，还是对于国家民族的前途命运，都是不利的。

伟大领袖毛泽东有句名言："一切坏事都是从不劳而获开始的。"马克思说："任何一个民族，如果停止了劳动，不用说一年，就是几个星期也要灭亡。"对青少年学生进行劳动教育是素质教育中至关重要的一环，孩子们要从小经常参加劳动，养成良好的劳动习惯，不仅可以改善血液循环，促进身体的新陈代谢，而且更有利于大脑的发育。此外，劳动对青少年还有以下几点好处：

1. 青少年能从劳动中学会关心家长、关爱他人，戒掉只享受别人的服务，不为别人着想的坏习惯，培养孩子自理、自立、自强的独立生活能力，发展进取精神，这也是孩子成材的重要因素。

2. 孩子在劳动中自己安排和计划，可以培养他们的分析、判断能力和动手能力，对孩子搞小创造小发明有重要意义，很多小发明家就是在劳动中得到启示的。

3. 劳动能有利于孩子培养勤快、主动的态度，培养责任感和义务感以及任务意识。这既对孩子做个好学生有帮助，对今后的成材也有利。

4. 劳动能培养孩子吃苦耐劳的意志力，养成勤俭节约的好作风，锻炼孩子社会适应能力，有利于今后的生存发展。

发明家爱迪生曾说过："世界上没有一种具有真正价值的东西，可以不经过艰苦辛勤的劳动而能够得到。"因此，家庭、学校应该担负起教育孩子热爱劳动的责任。开展各种各样的活动，激发孩子的劳动兴趣。通过劳动，让孩子体验了解到劳动的艰辛，知道财富来之不易。因而他们也会更懂得珍惜，更容易养成勤俭、节约、朴实等良好的品质。

家长要在日常生活中注意培养孩子的劳动能力。受应试教育的不良影响，很多家长没有落实对孩子劳动习惯的培养，也不重视对孩子热爱劳动的思想教育。劳动习惯有一个逐渐的培养过程。今天如果怕麻烦，明天的麻烦将会更多。因此，劳动习惯的培养家长必须给予支持。

教师潜移默化地影响学生。如果教师养成了平日热爱劳动的习惯，对学生就会直接起着潜移默化的作用。教师教育学生不怕脏、不怕累，就必须做到以身作则，做好学生的带头人，这样才能充分调动起学生的劳动积极性。

五、礼貌待人多高尚

礼貌待人不仅是中华民族的传统美德，也是一种高尚的道德情操。我国自古就强调"为人子，方少时，亲师友，习礼仪。"西方也有"礼节是通行四方的推荐书"的俗语。日常生活中我们做到言谈举止彬彬有礼，既是我们赢得别人尊重的前提，也是成功交往必不可少的条件之一。

一个小女孩躺在病床上，一个少年进门行窃，女孩热情地和他聊天，假装不知道他是来盗窃的。少年临走前，女孩用小提琴为他拉了一首曲子，然后把琴送给了少年。后来，少年再次找小女孩，女孩已经因患骨癌病逝了。在她的墓碑上清晰地镌刻着：以礼待人。此后少年改变了自己，他在贫困中重拾自尊。最终，昔日的少年成为著名的演奏家，当他在世界著名的悉尼大剧院演奏时，他深情地拉起了那首悠扬动听的曲调，献给那位拯救了自己灵魂的女孩。

小女孩善待那位少年，体面地维护了他的尊严。虽然她看不到少年因为她的善举发生的变化，但是她所表现出的高贵，就像紫罗兰的芬芳，震撼了那位迷途少年的心，让他重拾信念，扬起了生活的风帆。她礼貌的交谈，还有那首优美的曲子，就这样改变了少年的一生。其实，礼仪在日常生活中无处不在。说到这儿，我的眼前不由得浮现出另一幅迥然不同的画面：

一个大雪天，刺骨的寒风使人瑟瑟发抖，人们焦急地等着公共汽车的到来。终于，一辆公共汽车缓缓地驶来，人们蜂拥而上。一位中年妇女不小心踩了旁边男人一脚，那人立马不干了："长眼睛没！"语气中带着几分横劲儿。那位妇女也不示弱。就这样两人大吵了起来，污言秽语层叠不穷，最后大打出手……

如果这两个人能彼此礼让、各退一步，就不会把事情弄得如此糟糕了。上面两件事令人感慨良久，礼仪的重要也就不言而喻。

那么，礼仪到底是什么呢？礼仪好比天空，包容天地间万物万象；礼仪好比氧气，孕育新生命不断成长；礼仪好比阳光，照耀世间美德的生成。礼貌待人是人与人之间和谐相处的润滑剂，是心与心沟通的桥梁，更是一种爱的储蓄。

第二节 诚实守信要做到

常言道："人无诚信不立，业无诚信不兴，国无诚信不强，社会无诚信不稳"。这说明一个人要想成功，企业要想立于不败之地，国家要想昌盛，诚信是必不可少的。因此，要在全社会形成"人人知诚信、人人讲诚信"的风气，这对于和谐社会的构建，对于经济的发展都是十分重要的。青少年是祖国的栋梁，关系着祖国的命运，铸诚信社会，加强诚信教育，更要从青少年诚实守信的教育做起。

几年前，德国一所学校的多名学生在完成作业时，因为抄录了某网站提供的答案，老师就毫不客气地将这些学生作业评为零分。这位老师说，第一天上课前她就和学生及家长签订协议，协议说，所有布置的作业都由学生自己独立完成，剽窃或欺骗将导致作业为零分。她认为，教学生成为一名诚实守信的公民比得满分更加重要。

按理，随着年龄的增长，所受教育的增多，心智的逐渐成熟，青少年理当越来越讲信用，但现实中，青少年在诚信上却出现了"越大越不好"的情况。从调查来看，家庭、学校及社会是导致青少年诚信意识变淡的主要因素。

家庭。家庭是孩子诚信教育的启蒙学校，是孩子接受道德教育最早的地方。父母的行为对青少年诚信品质的形成有着举足轻重的作用。父母一旦在生活中言行不一、不讲诚信，孩子的诚信意识就会在很大程度上受到影响。

学校。老师及学校的言传身教对孩子诚信的养成至关重要。很多学生认为学校和老师本身的诚信就有问题。在各种现实利益面前，一些学校违规收费，搞形式主义等等，种种不诚信行为严重地影响了孩子们的诚信观念。

社会。孩子接触社会越多，耳濡目染的腐败、诈骗、造假等失信现象就会越多，都消解着孩子正确理解"诚信"含义，开始对他人以及对社会的诚信产生怀疑，从而陷入认知迷茫。

青少年是国家的未来和希望，他们的诚信意识直接决定着未来社会的诚信度。遏制孩子们诚信意识的负增长，筑造青少年诚信的坝基，需要家庭、学校及社会的共同努力，唯有构建起全社会真正的诚信大厦，才能培养出诚实守信的青少年。

1. 青少年应从思想上确立正确的诚信意识，培养诚信的品质。

2. 家庭中父母要以身作则，言行一致。营造民主的家庭氛围，正确运用表扬、鼓励和适当的惩罚等手段，来培养孩子诚实守信的习惯。

3. 学校搞好青少年诚信教育的工作。强化教师诚信形象，青少年与教师接触最频繁，教师如果具有良好的社会形象，言传身教，最能够被青少年接受。

4. 社会建立一个诚信的良好环境。人人讲诚信，形成人际交往的良好氛围。诚实守信，为他人着想，在学生心目中树立良好的形象。

谎言好比一剂毒药，开始的时候可能让孩子尝到甜头，但终会给他们带来恶果。当谎言成为一种习惯的时候，可爱的孩子就已经失去了纯真、善良的本性，变得让家长和社会为之忧心。为了能让孩子"真实"的花儿开得更加璀璨，更加长久，我们一定要从小培养孩子诚实、不说谎的习惯。拥有这种习惯，即拥有让人信任的美德，这样，孩子才能拥有更加光明的未来。

爱说谎的不良后果：

说谎是作弊与欺骗在言语方面的表现，这种行为习惯不仅影响到孩子健全人格的发展，还影响到孩子的人际交往与今后的生活；严重的话，还可能导致犯罪行为的发生。其具体表现在以下几个方面：

说谎让孩子的自尊受损。孩子因为说谎又被人识破，很可能导致下不了台，在众人面前失去自尊。一个人是不能没有自尊心的，人若失去自尊心，不再看重自己，就可能自暴自弃，什么丑事都能做得出来。

说谎还会让人丧失信用、得不到别人的同情与帮助，这不仅害了别人，也害了自己。在家里说谎伤害父母；在学校里说谎辜负了老师的期望。最终，被谎言所伤害的不是别人，而是自己，因为自己将从此不被信任，被他人所鄙视。

说谎让孩子失去美好的品质，迷失自己的本性。因为，谎言蒙住了自己的眼睛，因为怕被点破、怕谎言露馅，所以，不得不用新的谎言去遮掩它，这样，不要说被孩子骗了的人，即使是他自己的日子也会过得乱七八糟。这些谎言一个接一个地骗下去，最终能把孩子引到了一条不归路上，只要他们稍稍的不留意，就会断送了自己的一生，到那时候后悔也来不及了。

说谎导致心灵的折磨与煎熬。当孩子通过说谎达到目的之后，因为担心自己的谎言露馅，所以总被恐惧所折磨。因此他们的心灵总是痛苦的，没有什么幸福可言。总之，说谎的后果非常严重，它绝不是偶然说说的，如果一个人惯于用谎言，欺骗别人，必定是从小就已经把这种习惯养成了。为了让孩子的双眼不因此蒙尘，培养孩子诚实、不说谎的习惯是我们每一个家长的责任。

诚实不说谎对自己来说是一种好习惯，对别人而言，是一种值得敬佩和信任的品德。如果你从来都不喜欢和满口谎言的人打交道，那么，先让自己成为一个不说谎话的人吧！

在生活中，孩子说谎的现象普遍存在，只是程度不同罢了，只不过有些孩子长期说谎成了一种习惯。他们回家晚了怕父母责骂时会撒谎，想给同学过生日买礼物没钱时会撒谎，考试考不好时会撒谎，不想做作业想出去玩儿时也会撒谎……为此，家长们非常头疼。其实，孩子并非生来就会撒谎，他们的天性是纯真而直率的，他们不会隐瞒自己的意图，不会掩饰自己的情绪。其实，他们的本意还是想做一个诚实、不撒谎的好孩子。孩子之所以撒谎，归纳起来大致有几个原因。

1. 模仿大人。虽然没有一个家长故意去教孩子说假话，但如果家长在和孩子相处中，为了哄孩子听话，经常用一些假话来骗他，孩子就会慢慢学会说假话。还有一种情况，是家长出于成人社会里的某种掩饰需求，经常说些虚饰的话，虽说并无道德上的不妥，只是一种社会交往技巧，但如果被孩子注意到，也会给孩子留下说假话的印象，让他们开始学说假话。

2. 怕"压力"。即家长管教孩子比较严厉，对孩子的每一种过错都不肯轻易放过，都要批评指责，甚至打骂；或者是家长太强势，说一不二，不尊重孩子的想法，不体恤孩子的一些愿望。这些都会造成孩子的情绪经常性的紧张和心理不平衡，他们为了逃避处罚或取得心理平衡，就去说假话。

3. 逃避现实。有时小孩子为了不愿意做或不能做某件事时，便叫头疼呀，肚子疼呀，用各种谎言去欺骗父母或教师，这种谎言又往往得到父母或教师的同情，因此以后便也常用说谎去推诿做事。

4. 好虚名，要面子。一件事本来不是他做好的，但却被说是他做的，可以得到奖赏，面子上也光彩，于是他说谎了；事本来是他做的，但做得不好，怕丢脸，于是他说那件事不是他做的，也说谎了。

5. 贪利。很多小孩子为了嘴馋，要吃东西，便说说谎；又有些小孩子为了要得到很高的分数或奖品，便在考试时作弊还硬说自己的本领高人一等。这都是为了贪利的缘故。

小孩子说谎与他们本质的品性问题无关，不过是每个孩子成长过程中常出现的问题罢了，关键是如何对此进行教育的问题。家长只要及时发现问题，教育好，引导好，孩子自然能够纠正爱说谎的坏习惯。

对待孩子的说谎，应当根据实际情况从关心的目的出发，向其讲清危害，耐心说服。同时，日常生活中要以身作则，为孩子树立榜样，这样才能有效地纠正孩子的说谎行为。

让孩子不说谎家长需要注意的地方：

1. 要满足孩子合理的愿望和要求

对孩子提出的合理要求要尽量满足，如是一时无法满足，必须向孩子说明理由。如果对他们的愿望与要求不分青红皂白地一律不予理睬或一味拒绝，就容易使他们说谎或背着家长干坏事。

2. 正确对待孩子的过错

孩子或因自制力弱，或因年幼无知，或其他偶然的原因，常会出现差错，对此家长要冷静对待。孩子犯了错误，家长要本着关心爱护的原则，态度温和地鼓励孩子承认错误，帮助孩子找出错误的根源，改正错误。这样，孩子会信赖你，亲近你，敢于向你说真话。

3. 忌打骂与不分场合的批评

孩子正是因为担心惩罚才说谎的，你的打骂只会让孩子更加不敢说真话，只有做到心怀宽容，对于孩子的诚实多鼓励、表扬，才能让孩子敢于承认错误，敢于说真话，也才能真正领略到说真话的好处。而不分场合的批评将严重伤害孩子的自尊心。这样，孩子以后在人前将抬不起头来，更会因此失去他人的信任，遭到伙伴的嘲笑。"

发现你的孩子说谎时，要想办法解决好。

1．要针对孩子的特点。对孩子的要求，要适应各个年龄段生理、心理发展的程度，不能过高、过急。否则，孩子会感到有压力，促使他不自觉地隐瞒和掩饰真相，助长说谎的习惯。当孩子承认自己撒谎做错了后，家长要给予赞扬，让他体验到诚实的可贵。

2．当知道孩子说谎的时候，不要着急，也不必惊慌失措，觉得天都要塌下来了，应该就事论事，和孩子一起分析说谎的危害，让他明白自己说谎父母是会伤心的。让孩子从感性的角度去理解说谎给他人带来的心灵伤害，懂得为了不让家长伤心，养成不说谎的好习惯。

3．与孩子一起去认识生活中一些虚假、说谎的现象，比如那些贪官为什么会进了监狱，是因为他们说谎贪污，给他人、给社会造成了巨大的损失，也彻底害了自己等。

4．防微杜渐。一旦发现孩子出现"撒谎"的迹象，立刻进行教育，把孩子的"谎言""扼杀"在"襁褓"里。了解原因。了解孩子为什么要撒谎，这样才能更好地帮助孩子改正。5．故事疏导。一个有趣且有启发性的故事对幼小孩子的帮助是非常大的，多给孩子讲讲关于"诚实守信"的故事，让孩子从小受到熏陶。

诚实的品格是上天赠给父母最珍贵的礼物。有了它，我们不但人格高尚，受人敬重，还因此得到许多难得的机会。而贪婪是人生的大忌，一个贪婪不诚实的人往往会因为一点小小的既得利益，失去更多本该属于自己的东西。

第三节　勤俭节约善理财

现在的孩子有大人宠，老人爱，想要的东西会很轻易买到，久而久之，就养成了花钱大手大脚、铺张浪费的恶习。不改变这种恶习，将会贻害孩子的一生。

家长张女士遇到一件事情。有一天她的孩子问她："妈妈，您今天放学开新车来接我吧，如果是以前的旧车，您就别来了。"她说，没想到这么小的小孩子就已经这么在意这些东西了，难怪每次孩子的爸爸开新车去接他时，他都非常开心。

其实孩子产生攀比的心理是有原因的，大致有以下几点：

1. 人们物质生活水平的提高，为孩子攀比心理提供了经济基础。一些家长心理上本身也不愿让孩子落后于别人，孩子想要什么都尽量给予满足。

2. 家长过分地溺爱，为孩子的攀比滋生了依赖。父母都希望子女能健康快乐地成长。但是过分溺爱与迁就，会让孩子滋生攀比心理，产生依赖感。

3. 孩子们的天真幼稚的天性为攀比提供了心理基础。孩子们模仿能力、好奇心较强，喜欢攀比，这点常为父母所忽视。

吃穿攀比也会给青少年的身心健康带来消极负面影响，事物的发展都是由量变到到质变的，家长、教师如果掌握不好孩子们攀比的程度，听之任之，久而久之，就会给他们的身心健康成长带来危害。

但是，对于孩子来说，攀比也不一定都是坏事，问题在于父母、老师向哪个方向给予引导。

1. 家长、教师要树立正确的世界观、人生观，对孩子正确地教导。作为家长及教师要从自身做起，自己不要有攀比的心理，要时刻为孩子做表率。

2. 不要过分溺爱孩子，防止养成攀比惯性。不能对孩子百依百顺、娇生惯养。否则很容易造成以自我为中心，长此以往不利于孩子们心理的健康发育。

3. 改变攀比的兴奋点。孩子有攀比的心理，说明孩子的内心想和别人一样，或超越别人。父母就要抓住孩子的上进心理，改变孩子在吃穿方面的攀比习惯，引导孩子在学习、毅力等良好习惯方面进行对比。

父母不要将自己的孩子与其他的孩子比较，而要去发掘自己孩子所特有的独特性，把爱对比的心态转化成与孩子一起共同努力成长的动力，鼓励孩子形成健康的人生价值观，这样，孩子的人生才更有意义。

"历览前贤国与家，成由勤俭败由奢"。勤俭节约是一个永恒的话题，中华民族素来就有着勤俭节约的传统习俗。勤俭是一种智慧，节约是一种美德，勤俭节约更应该成为一种习惯和风气。

毛泽东主席是我们的伟大领袖，在他生前用过的日常生活用品中，有一件已补过 73 次的睡衣，他穿过 20 多年。他身边的工作人员几次偷偷想要给他换一件新的，他都执意不接受，他老人家逝世前夕，还是穿着这件补钉摞补钉的睡衣。在国民经济困难时期，他老人家首先倡导不吃水果、不吃肉，常常一餐饭是几个烤芋头，与全国人民一起渡难关。

事实证明，勤劳节俭的教育不仅不过时，而且还将继续。从小培养学生勤劳节俭是非常必要的，今天培养孩子勤俭节约是为了孩子们的明天，为了他们的明天更加幸福。

然而在当今社会很多不良思想的冲击下，很多青少年早已将勤俭节约抛在脑后。观察我们身边的日常现象，很多学生在生活中摆阔气、讲排场、大吃大喝、花钱大手大脚等。因此，培养青少年从小养成勤俭节约的好习惯就要从身边做起、现在做起，从节约一滴水、一张纸、一度电、一粒粮入手，牢固树立节约意识，把勤俭节约落到实处，这对教育学生意义深远。

很多家长因为小时候受过苦，所以希望孩子不要受一丁点苦，尽量满足孩子的要求，让他们过着优越无忧的生活；还有的家长比较注重孩子的智育，不在乎花钱多少。而在美国，即使是百万富翁的儿女，也经常在校园里拾垃圾，收集草坪和人行道上的破纸、冷饮罐，他们靠自己赢得学校报酬。

只有从小对孩子进行正确的金钱观、消费观的教育，向孩子灌输勤俭节约的意识，让孩子认识到金钱真正的价值，懂得合理消费的必要性，你的孩子才能够赢得更好的生活。

教孩子怎么"花钱"：

在当今社会，我们的孩子们时刻都会碰到用钱的问题，作为家长，我们要正确看待孩子的"消费"问题，要让孩子对各种用钱方式有正确的认识，才能教育孩子养成正确的花钱习惯，这对孩子将来在社会上独立生活有很大益处。

教育孩子懂得节约用钱，其目的不仅仅是对金钱的合理使用，更重要的是培养孩子的一种品质。因为，人的一生不可能总是一帆风顺的，谁也保证不了一生中没有个天灾人祸，更难以保证一辈子不缺钱花。只有教会孩子如何花钱、怎么挣钱，孩子才能获得事业有成所必须具备的自立能力。

消费行为也受众多因素的影响和制约，因人而异。对中国青少年来说目前存在的问题是无消费策略，而非无消费能力。其实，引导孩子学会合理正确消费，培养孩子科学的理财能力，对青少年发展自己及持家理财，将会产生积极的作用和影响。具体来说有以下几点：

1. 文化消费。对青少年来说，文化消费主要包括图书的消费、情操的消费等。"读一本好书，就像在与一位高尚的人士交谈"，书籍是阳光和空气，是青少年的主要精神食粮。然而，传统消费观念导致了青少年把消费简单定义为物质消费。

2. 旅游消费：旅游能增长见识、开阔视野。通过旅游，可以了解世界及全国各地的历史文化、风土人情、天文地理、资讯科技等都可尽收眼底。家庭、学校、社会应当引导青少年把钱用在旅游这种有价值的消费行为上。

3. 远程教育消费。远程教育在 21 世纪的今天，将开拓出一片新的教育天地。孩子节约开支，就可以保障远程教育，为其提供必要的消费，对孩子来说这是一件乐于为之的事。所以，学校、家长应当引导孩子走向消费的新领域，让他们拿自己储存的钱去干自己乐意的事，让他们自由地驰骋探索在日臻完善的远程教育网络中。

4. 爱心消费。倡导爱心消费，鼓励孩子积极参与到各种形式的社会公益活动中去。这对培养青少年的责任感、熔铸他们的爱心有着很大的推动作用。爱心消费，利国又利民。从爱心消费中，学生会更明白钱的价值及重要性。青少年如果将自己节省下来的钱捐赠给贫困的孩子购买生活必需品、学习用品，他们会从这类活动中获得很多，感受更多，这将是他们人生的一笔宝贵财富！

　　但是，因为不知道金钱真正的价值，父母赚钱的辛苦，许多孩子花起钱来毫无节制，根本不懂得有些钱本不该花也可以不花。作为家长，一定让想办法让孩子了解钱的真正价值是什么，这样，他们才能懂得花钱要节约。《金钱的价值》一书要告诉孩子的，就是这个道理。

　　一个做铁匠的父亲，含辛茹苦地把他的独生子抚养成人。可是，这个独生子并不成器，花起钱来毫无节制。有一天，这个父亲终于忍不住了，他将儿子赶出家门，要儿子去尝尝挣钱的难处。

　　母亲心疼儿子，偷偷地塞给儿子一把铜板。儿子在外面溜达了一天。晚上，他回家把铜板交给父亲说："爸，这是我挣的钱。"父亲把铜板拿在手上掂了掂，生气地说："这钱不是你挣的！"说着就丢进了熔炉里。

　　第二天，儿子故伎重演，他"挣"回来的钱，依然被他的铁匠父亲丢进了炉子里。

　　面对着父亲的严厉呵斥，儿子非常无奈，他只好来到农场里帮农场主干了一天的活。这一天，他一会儿割草喂羊，一会儿挑大粪，一会儿赶猪，非常辛苦。天黑了，天上的星星正调皮地眨着眼睛，铁匠的儿子这才拖着疲惫的身躯回到家里。这一天，他终于体会到了挣钱的不容易，也理解了父亲赚钱是多么辛苦一件事。

第二天，天还没亮，铁匠的儿子又赶到了农场，开始了新一天的工作。而聪明的铁匠看在眼里，记在心里，但表面上依然不动声色。

一周以后，农场主给了铁匠的儿子几个铜板作为工钱。拿着自己的劳动所得，儿子兴冲冲地回到家里，把铜板交给了父亲。

让人意想不到的是，铁石心肠的父亲依然看都不看一眼又把铜钱丢进了熔炉里！儿子立即暴跳如雷，他一边喊一边向红彤彤的熔炉扑去！

父亲一把拉住他，欣慰地笑着说："孩子，你终于知道心疼这些靠自己劳动挣来的钱了，我相信这钱才是你挣的。"

同学们，天上不会掉馅饼，每一分钱都是爸爸妈妈付出辛苦的劳动才得到的。没有劳动，是不可能有收入的。

金钱来得不易，但花出去却很容易，有时候，你在一分钟内花掉的，可能是父母一整天甚至 10 天 20 天的劳动所得。你想，爸爸妈妈辛苦了那么久才得到的钱，我们随便就把它花掉了，那是多么不应该的呀！要懂得珍惜金钱，更要懂得把钱花在该花的地方，这样，钱才花得有价值！金钱的价值在于使用方法。

美国的汽车大王福特不是一个吝啬的人，但他却很少捐款。他固执地认为，金钱的价值并不在于多寡，而在于使用方法。

他最担心的就是捐款经常会落到不善于运用它们的人手里。

有一次，佐治亚州的马沙·贝蒂校长为了扩建学校来请求福特捐款，福特拒绝了她。她就说：那么就请捐给我一袋花生种子吧。于是福特买了一袋花生种子送给了她。后来，福特就忘了这件事情。

没想到一年以后，贝蒂校长又上门了，她交给了福特 600 美元。原来学生们播种了当初的那一袋花生种子，这就是一年的收获。福特什么都没说，立即拿出了 60 万美元交给了贝蒂校长。

福特的担心绝不是多余的，太轻易得来的金钱，我们往往很难体会到这些金钱背后付出的辛苦。而贝蒂带领孩子们撒播下种子，就是为了证明他们有能力领受他人的恩惠。他们是不会浪费金钱的。

同学们，如果你想得到爸爸妈妈的钱，同样也应该帮家里做点力所能及的事情，因为劳动所得，才不可耻！

很多孩子的自控力不强，他们不能体谅大人的艰辛，在生活中，他们穿要穿名牌的，吃要吃价钱贵的；认为买东西便宜了，说明自己没有品位，会让人看不起。针对这样的孩子，家长应反思自己的教育方式。其实，孩子之所以会形成这种不良的消费习惯，其根本就在于，孩子并不知道金钱来之不易的道理。因为不知道金钱的获取是需要付出辛劳的，不清楚父母为这个家庭承担着多大压力，所以孩子才养成乱花钱的习惯。

所以，身为父母，不管你的家境多么富有，都应该帮助孩子正确地认识金钱，珍惜并尊重大人为此付出的劳动，从而养成从小节约的好习惯。

守株待兔不是我们该做的，不劳而获的思想同样是不可取的。我们一定要做一个不贪心的好孩子！

生活中常有这样的事情发生，因为贪图眼前的小利益一些人反而失去了更大的利益。所以，积少成多，细水长流，才能有更多的收获！

提起麦当劳，可谓家喻户晓。那个金黄色的"M"字散布在世界上的许多城市。

有统计资料表明，光在日本就有1.35万间麦当劳店，一年的营业总额突破40亿美元大关。拥有这两个数据的主人是一个叫藤田的日本老人，日本麦当劳株式会社的名誉社长。

藤田1965年毕业于日本的早稻田大学经济学系，毕业之后随即在一家大电器公司打工。1971年，他开始创立自己的事业，经营麦当劳生意。

麦当劳是闻名全球的连锁速食公司，采用的是特许连锁经管机制，而要取得特许经营资格是需要具备相当财力和特殊资格的。而藤田当时只是一个才出校门几年、毫无家族资本支持的打工一族，根本就无法具备麦当劳总部所要求的75万美元现款和一家中等规模以上银行信用支持的苛刻条件。只有不到 5 万美元存款数的藤田，看准了美国连锁速食文化在日本的巨大发展潜力，决意要不惜一切代价在日本创立麦当劳事业。于是绞尽脑汁东挪西借起来。事与愿违，5 个月下来，只借到 4 万美元。面对巨大的资金落差，要是一般人也许就心灰意冷，前功尽弃了。然而，藤田却偏有对困难说"不"的勇气和锐气，他要迎难而上，完成自已的心愿。

在一个风和日丽的晴天的早晨，藤田西装革履满怀信心地跨进住友银行总裁办公室的大门。藤田以极其诚恳的态度，向对方表明了他的创业计划和求助心愿。在耐心细致地听完他的表述之后，银行总裁做出了"你先回去吧，让我再考虑考虑"的决定。

藤田听后，心里即刻掠过一丝希望，但马上镇定下来，恳切地对总裁说了一句："先生可否让我告诉你我那 5 万美元存款的来历呢？"回答是"可以"。

"那是我 6 年来按月存款的收获，"藤田说道："6 年里，我每月坚持存下 1/3 的工资奖金，雷打不动，从未间断。6 年里，无数次面对过度紧张或手痒难耐的尴尬局面，我都咬紧牙关，克制欲望，硬挺了过来。有时候，碰到意外事故需要额外用钱，我也照存不误，甚至不惜厚着脸皮四处告贷，以增加存款。这是没有办法的事，我必须这样做，因为在跨出大学门槛的那一天我就立下宏愿，要以 10 年为期，存够 10 万美元，然后自创事业，出人头地。现在机会来了，我一定要提早开创事业……"

藤田一口气讲了 10 分钟，总裁越听神情越严肃，并向藤田问明了他存钱的那家银行的地址，然后对藤田说："好吧，年轻人，我下午就会给你答复。"

送走藤田后，总裁立即驱车前往那家银行，亲自了解藤田按时存钱的情况。柜台小姐了解总裁来意后，说了这样几句话："哦，是问藤田先生啊，他可是我接触过的最有毅力、最有礼貌的一个年轻人。6 年来，他真正做到了风雨无阻地准时来我这里存钱。老实说，这么严谨的人，我真是要佩服得五体投地了！"

听完小姐介绍后，总裁大为动容，立即打通了藤田家里的电话，告诉他住友银行可以毫无条件地支持他创建麦当劳事业。藤田追问了一句："请问，您为什么要决定支持我呢？"

总裁在电话那头感慨万分地说道："我今年已经 58 岁了，再有两年就要退休，论年龄，我是你的 2 倍，论收入，我是你的 30 倍，可是，直到今天，我的存款却还没有你多……我可是大手大脚惯了。光说这一句，我就自愧不如，敬佩有加了。我敢保证，你会很有出息的。年轻人，好好干吧！"

这就是日本麦当劳的传奇前奏。

同学们，一个节制而有毅力的人是值得敬佩的！正因为懂得对金钱节制，所以才有可能获得尊重，获得成功，获得美好的生活。大手大脚的人，不但会失去金钱，还可能失去机会以及他人的尊重。

"我的孩子乱花钱。""我的孩子不珍惜家里的东西。""我的孩子任性妄为，想要什么，就必须给他买什么。""我的孩子一点都不会体谅大人的辛劳，动不动就伸手要钱请客。""我的孩子从家里偷了钱去买东西吃。"以上是诸多家长苦恼的控诉。殊不知，孩子的这些不良习惯，正是家长们一手"培养"出来的。

乍听此言，很多家长必然惊诧，怎么可能呢？我们自己并不是这样"花钱"的呀，更不会说去培养孩子如此花钱的习惯。那么，让我们追根溯源，去看看生活中的一些看似微不足道的现象吧。

1. 孩子没有多少金钱概念，并不能真正理解物质的价值与金钱的价值。加上家长认为孩子还小，没有必要让孩子了解钱，所以没有给孩子认识"金钱与价值"的机会，没有告诉孩子如何消费才算合理。孩子更不知道金钱的获得是通过辛苦的劳动才得到的。所以，花起钱来才会毫无节制。

2. 许多父母认为不应该和孩子谈家庭的经济情况，尤其是一些家庭条件不是很好的父母，认为和孩子谈家庭状况，面子上过不去，而且会加重孩子的心理负担。

事实上，一些孩子在了解了家庭状况后，反倒能够替父母着想，控制自己花钱。家长也可以让孩子了解自己的工作，懂得劳动与收获之间的关系，这样才能使孩子热爱家庭，也热爱劳动。

3. 有的家长太忙，没时间照顾孩子，出于一种补偿的心理，在孩子用钱上十分慷慨，无计划、无节制。无节制地给孩子物质满足，只会让孩子滋生好逸恶劳、铺张浪费的恶习，无法弥补孩子心灵的空虚。

4. 怕孩子学坏，乱花钱，索性不给孩子零用钱花。有些家长认为孩子买什么，向自己说明不就可以吗。其实这种做法反而会导致了孩子从小缺乏合理的消费观念，因过于限制孩子用钱，于是导致有的孩子不能不想办法"找钱"，于是说谎的习惯养成了，偷窃的习惯养成了，等他们手头有钱了，也就更容易出现盲目的消费现象。

5. 再就是有的家长本身就铺张浪费，动不动就在家里请客，或者到大酒店宴请。这无疑是告诉孩子，这种"慷慨的行为"是可取的。孩子能不照样学吗？

6. 有的家长控制孩子花钱，但控制得过死，致使孩子到一定年龄不会花钱消费，只会买一些简单用品，不会让钱"产生"价值，产生作用。所以，过度控制孩子花钱，也就等于剥夺了孩子学习掌控钱财的能力，长大后，很可能会受穷。

总之，"花钱理财"也是一种能力，能力强的孩子能够很好地支配金钱，能力差的孩子不得不面临"窘迫"的处境。所以，如果想避免让孩子陷入苦恼的境地中，家长需要从小培养孩子合理消费的能力。

合理的消费能力是如何养成的？

首先，父母应端正对孩子的爱。

邓肯曾有一段很精彩的话："我每次听到别人谈论，多赚些钱留给子孙，我总觉得他们这种做法，是夺去了儿女种种冒险生活的乐趣。他们多遗留一块钱，便使儿女多一分软弱。最宝贵的遗产，是要儿女能自己开辟生活，能自己立足。"

其次，教育孩子要学会合理花钱，把钱花在刀刃上，既不能吝啬，又不能浪费。孩子上小学后，口袋里总少不了要放些零用钱。作为家长，定期支付孩子合理的零用钱是很有必要的，但不要一看到孩子口袋里没钱了就给。孩子的欲望，总是很强烈，老是喜欢买一些新鲜的东西。刚开始时，孩子的这种欲望是无意识的，家长如果不注意而一味迎合，就等于纵容、滋长孩子的不良欲望。

1. 合理花钱，应让孩子控制自己的欲望

许多父母都有这样的体会，每当带着孩子走进玩具店或者商店的时候，孩子总是会没完没了地要求父母买各种玩具和食品等。这时候，家长也不必什么都不买，给孩子一个选择的权力，只能买其中一种，如果买了这个，其他的就不能买了。

红红今年 14 岁，已经读四年级了，平日里对钱特别敏感，总是喜欢要这要那。每天向父母要的零花钱有时几块，有时甚至十几块钱。很多时候都是买没有用的东西，大部分都花在吃和玩上，学习用品倒是寥寥无几。花钱毫无节制，大手大脚。由于这学期在校搭餐，向父母隔三差五要零花钱，40 元到 80 元不等，最多的时候一个星期拿了 300 元，父母也不太清楚给的钱究竟是怎么花掉的。

一名 16 岁的孩子给父亲发过这样的短信，内容竟然只有 3 个字："爸：钱，儿。"父亲看后心酸不已。

金钱，只是作为一种社会物质财富的符号而存在。孩子有零用钱本不是坏事，关键是如何引导、教育孩子们正确使用和管理手中的钱，树立一个正确的消费观。研究表明，青少年时期的理财方式一般会跟随一个人的终生。理财能力关乎一个人一生的幸福快乐。孩子乱花钱一般都是家庭教育中理财教育的缺失。培养孩子懂得如何节约用钱，不仅仅是培养他们对金钱的合理使用，更是培养孩子一种自立的能力，使孩子将来获得财富。学会理财是孩子终生受益的处事能力。

2. 让孩子学会记账，让孩子明白自己的钱花到哪里去了

父母在给孩子钱的时候，可以提出一个如何更好消费的建议，让孩子自己去制订计划，父母不要干预孩子制订计划，但是要对孩子制订出的计划进行监督、检查，看看孩子是否根据计划合理地使用零花钱。通过家长的建议、指导和监督，孩子就会提高理智消费的能力，能够有所节制有目的地花钱。

经常听到不少青少年朋友们的抱怨："妈妈刚给的零花钱又花光了，也不知怎么花的……"青少年要想开源节流，消费明了，记账倒是个好办法。青少年购物回来记好账，既可以提醒自己消费过的数额，还可以纠正孩子乱花钱的习惯，何乐而不为呢。

美国洛克菲勒家族实行严格子女的经济管理，尤其是对年幼者。在7~8岁时，每个孩子每周可得30美分零花钱，11~12岁每周1美元，12岁以上每周3美元。

家里在每周发放零花钱时，还给每个孩子一个小账本，孩子要明确记录出每笔钱支出的用途，家长在孩子领钱时要审查。如果零花钱用得当，便奖励增发5美分，反之则减。一个在当时全球首屈一指的富豪家族，这样做的原因，就是要培养下一代"当家理财的本领"。

其实我们也可以借鉴洛克菲勒家族的这种记账本的做法。让孩子记账本来理财有很多好处。

（1）可以帮助孩子权衡每天的开销，既要满足个人的要求又不致于太浪费，这个过程提高了孩子应付生活事件的能力。

（2）可以让孩子在购买商品的过程中学会独立做出正确的选择，还可以在外出消费过程中、与陌生人讨价还价的沟通中，提高孩子的交往技巧。

（3）让孩子在记录琐碎的消费商品中体会到赚钱的辛苦，理解父母的操劳之苦，在体验中逐渐培养孩子的家庭责任感。

家长在每周或每月给孩子一定的零花钱的时候，要求他们把每次费用记清楚。这样做不仅能让孩子清楚用钱的途径，还能让孩子有用钱的目的性和自主性。记账让孩子对零花钱的收支状况进行一个近期的记录，孩子整理账本时，可以清楚地看到自己买了多少零食、玩具，面对账单时，孩子们就会明白哪些钱该花，哪些钱不该花了。到底要如何做好记账本呢，有以下建议：

（1）在记账本上让孩子自己列个预支清单，比如要去超市购物，你就先列好所需商品的清单，既可以省去闲逛的时间，也阻止了看到好玩的东西又有强烈的购物欲。还有每个月的固定支出：零食、书本、请客送礼、生活必用品等。

（2）让孩子记账，做到每花一分钱自己心里都有数。记账是一种很原始的方法，却有很多人都坚持不下来，对于这点父母可以给予监督。

（3）制作一个一周的收支计划表，里边应有储蓄项、收入项和支出项，把支出项最好分成想要的和需要的，这样记录，就很清楚哪些钱不该花了。

（4）孩子如果课业比较紧张了，推荐一个比较省事的办法是，留好收据、购物小票等，不定期整理一下记录在记账本上，也可以帮助孩子审视消费。这些办法非常见效。比起那些花钱无计划、大手大脚的孩子们，会记账的这些孩子们更能做出调整，减少他们冲动购物，促使基于理智、而非情绪去购物。

3. 教会孩子一些少花钱的方法

告诉孩子，一个人可以在生活中尽量减少金钱的支出，这样，手中的钱就会多起来。有什么方法可以少花钱呢？例如，买东西之前必须要想清楚是否真的需要，可以让他在心里问自己"我真的需要这个东西？""是不是已经有其他东西，可以替代打算要买的东西？"这些问题可以帮助孩子认识到有些支出是不必要的。还可以教孩子每周在固定的一天去购物，没必要天天购物。购物之前一定要列个清单，要根据自己的需要去买东西，不要见什么买什么。

父母在平时买东西时，也可以带着孩子，在不断的比较、挑选中，让孩子理解"货比三家"的奥妙，从而培养孩子爱惜金钱的良好品格，有效避免孩子胡乱花钱的坏习惯，提高孩子对支配金钱的控制能力。

临时充当家庭财政部长。让孩子适时参加家庭经济活动，通过当家懂得生活之艰难；让孩子知道赚钱的辛苦，养成勤俭节约的品性；让孩子学会对自己的钱负责和合理使用，克制乱花钱。

随着物质生活的不断富裕，人民生活水平的日益提高，大部分青少年学生手中都有了零花钱，甚至很多家长拿金钱来代替对孩子的教育。这样很容易导致学生手中有了钱，就大把地乱花，由此带来很多不良行为习惯。著名美国作家马克·吐温说："如果你懂得使用，金钱是一个好奴仆；如果你不懂得使用，它就变成了你的主人。"

签订财务协议。鼓励孩子通过做家务活来赚取零花钱，树立他们自食其力的观念。父母和孩子一起确立一个理财目标，签订一份财务协议，对孩子的要求在协议中要适中，允许孩子出错误，并督促孩子的自我改进，平等民主地对待孩子，让孩子从中产生自我管理金钱的乐趣。

目前我国要对青少年学生进行的金钱教育是一个比较艰巨的过程。现在大都是独生子女，家长过分宠爱孩子，孩子想要啥就尽量满足，养成了孩子好吃懒做的坏习惯。但是，长此下去，家长们一心想望子成龙到头来很容易变成养子成虫，这样的例子不胜枚举。孩子们要学会巧妙使用零花钱，父母也要合理计划给孩子零用钱。父母要根据孩子的年龄、爱好兴趣、特点以及家庭经济状况等，有指导、有计划、有监督地满足孩子的合理要求，给孩子一些零用钱，发展孩子的求知欲望和课外兴趣爱好，增加孩子独立生活的本领。千万不要随意给。其次，帮助孩子明确怎样花钱才是不乱花钱，何为不该消费的消费。

在北京一家酒楼，几名十五六岁的小孩用压岁钱"摆阔"请客，一桌菜竟然花了 2 000 多元，其情景实在令人担忧。

张超今年读小学五年级，校园最近风靡玩具赛车，15 岁的他私自将储蓄罐中的 500 多元零钱全部掏空，去商店买了辆高档的赛车，而父母对儿子的这种行为则视而不见。

为了孩子，父母绝不能在经济上放纵孩子，要培养他们勤俭节约的思想，更要教会他们如何分配零花钱，让他们掌握一些基本经济知识。一句话，要使孩子的零用钱合理使用，"收放自如"。当孩子拥有一笔零用钱的时候，要去引导并告诉他们适当地使用这些零用钱对他们将来的好处。支配孩子零用钱的问题有以下几点：

（1）制订计划法。每周给孩子的零花钱要有一个固定的数目，再制订一周计划。让孩子自己考虑日常花费的额度，从必需到次要逐个列入计划，在固定的零花钱中开支。

（2）确立消费目标。有一个明确的消费目标对合理地管理和支配自己的钱非常有利。如果他们的心中有一个长期目标，为了实现这个目标，就会每天做一点"牺牲"。如果没有什么目标，可能把钱随随便便地花掉，而当他们真正急需用钱的时候才发现已经囊中羞涩。

（3）掌握选择的艺术。重视学生的文化需求，挖掘传统式的中国精神消费内容，丰富业余生活。同时，在零食开销上也要适度。每个青少年都要根据自己家庭的实际情况制订适合自己的方案。

（4）审核法。给孩子零花钱的时候也要给一个小记账本，让他们记录零用钱的用途及时间。

古人曰："节俭朴素，人之美德。奢侈华丽，人之大患。劳动是幸福的左手，节俭是幸福的右手。"而青少年不仅要提倡艰苦奋斗、勤俭节约，更重要的是培养他们善于创造财富，让财富增值的良好理财习惯。

因此，可以让孩子了解金钱的来处。

（1）让孩子了解你挣钱的方式。如果有机会，可以带孩子到你工作的地方，参观一下，让他体验一下挣钱是多么不容易。假如你是自己开小店的，应该让孩子在你的店铺里呆上几天，让他看看，卖出一件商品是多么不容易的事情，从而让他知道，钱来之不易。

（2）放假期间，可以让孩子去打零工。孩子通过劳动，能体会到父母养家的劳累。最重要的是让他知道，获得金钱的合法途径就是劳动。

要培养孩子储蓄的习惯。

当孩子有几角、几元或者几十元的时候，引导孩子把零钱放进储蓄罐里，并养成习惯，久而久之，当有一天孩子发现钱罐里原来有数目不少的钱时，他会觉得很惊喜，这时告诉他，他的存款可以帮他实现一个大心愿的话，更容易帮他建立起储蓄抗风险的理财观念。定期将储蓄罐的零钱取出，帮助孩子将钱存进银行的账户里。如果孩子有兴趣，可以向孩子介绍储蓄、投资的不同功用，让他明白钱能生钱的道理。

随着人们近来生活水平的日渐提高，孩子们手中也有了越来越多的零花钱。据一项调查，青少年学生现在每星期最高可以拿到 100 元的零用钱，而最低的可以拿到 10 元，平均在 20 ~ 50 元之间。但有大部分青少年对零花钱的使用是没有丝毫节制的，养成了大手大脚花钱的习惯。这主要是他们没有学会最基本的花钱技巧。他们不知道做点长期储蓄，或者通过攒钱来买较贵重的东西，不给未来留点余地。花钱大手大脚对青少年是百害而无一利的。因此，青少年需要一套非常适用于自己的理财方法，来合理支配的金钱，其中学会储蓄对青少年很重要。学会储蓄，鼓励孩子将自己的积蓄存到银行，安全地把钱存放起来，使之增值，到一定数目时，取出作旅游基金或买大件物品，或者可以利用好存钱罐这个很好的储蓄宝贝。这样有助于孩子养成不乱花钱的习惯，通过储蓄而体会积少成多的道理，体验存钱的好处，享受理财的乐趣。

一位姓李的妈妈，儿子今年已经 17 岁了。孩子从小就开始拿零花钱。父母给零花钱的标准是，几岁，每周就给几元，所以现在他 15 岁了，每周可以拿到 15 元。一开始从他拿零花钱起，妈妈就和他约法三章，零用钱的 1/3 要放进小钱罐里的。当时妈妈帮他买了一个邮筒型的钱罐。

有一次儿子看见一件他很喜欢的玩具，他询问妈妈是否可以买。妈妈说，当然可以，你自己有钱。结果，儿子并没有买，因为他算了算，花 100 元去买玩具回来，意义不大。因为知道自己的零花钱得来不易，所以倍加呵护。

储蓄罐对青少年来说非常重要，青少年学生通过储存罐积攒起来的钱，可以用在请客、旅行和给慈善机构捐赠等方面；还可以把他们自己的长期储蓄投资于共同基金，利用储存罐可以教给孩子良好的理财技能。

让孩子们养成存钱习惯的最佳时机就是青少年时期，当父母给孩子零用钱的时候，建议父母让孩子从每周的零用钱中攒出 25% 左右，每个月把攒出的钱放到储钱罐里。同时父母一起帮孩子为存起来的钱确定一个购物目标，并且培养他在头 3 个月里不用存起来的钱。这样做可以很好地帮他培养耐心并扩大储蓄额。

存储罐可以锻炼孩子良好的理财能力，帮他们学会确立理财目标，培养遵守诺言的品质。储存罐可以帮助青少年自己付款去买他们想要的东西，促使他们去衡量到底买回来的东西是否真的有用、有价值，而不是浪费钱。同时存钱罐还可以教会孩子储蓄，使他们将来成为理财能手并能做到经济独立。这样一来，父母就不必为了资助儿女的生活而动用自己的长期储蓄了。

如果父母想让自己的孩子长大后能够成为一个有经济责任心的人，那么从现在开始就要锻炼他们管理和支配自己的金钱的习惯。事实上，有了储存罐就等于为他们学习管理金钱提供了前提，让他们为以后能过上一种更有价值的、更成功的生活做好准备。

成功的实践经验告诉我们，孩子的可塑性极大。只要家长引导正确，孩子养成节俭不乱花钱的好习惯不是难事。

美国家长如何教孩子理财：

在美国，理财教育被称为"从3岁开始实现的幸福人生计划"，这个理财教育计划被细分到了各年龄段：

3岁：辨认钱币，认识币值、纸币和硬币。

4岁：可以知道每枚硬币的价值，认识到商品是无法买光的，从而必须作出选择；学会用钱买简单的用品，如画笔、泡泡糖、小玩具、小食品。最好有家长在场，以防商家哄骗小孩。

5岁：弄明白钱是劳动得到的报酬，并正确进行钱货交换活动。

6岁：能数较大数目的钱，找出数目不大的钱，开始学习攒钱，培养"管好自己的钱"的理财意识。

7岁：能看懂商品价格标签，并和自己的钱比较，确认自己有无购买能力。

8 岁：懂得在银行开户存钱，明白可以通过做工作赚钱，并想办法自己去挣零花钱，如卖报、帮家长干活获得报酬。

9 岁：可制订自己的用钱计划，能学会和商店讨价还价，学会买卖交易。

10 岁：懂得节约零钱，在必要时可购买较贵的商品，如溜冰鞋、滑板等。

11 岁：学习评价商业广告，从中发现价廉物美的商品，并有打折、优惠的概念。

12 岁：懂得珍惜钱，知道来之不易，有节约观念。能制订执行两周开销的计划，懂得一般银行业务中的术语。

12 岁以后：能比较各种储蓄和投资方式的风险和回报，可以参与成人社会的商业活动和理财、交易等实践活动。

尽管我们国家的社会背景和文化背景与美国有着不同，但其中的某些内容还是可以参考与借鉴的。

当孩子看到父母从钱包里掏出钞票的时候，在他们的眼中，会觉得那个皮夹就像一个魔术包，有掏之不尽的纸片，可以换取自己零食或心爱的玩具。其他的他们什么都不会去思考。孩子通常先学会"花钱"，然后再学会"赚钱"。因此在孩子们开始有花钱的行为之前，就必须先让他们学会合理地理财，让他们了解"钱可以用来做什么"，以及"怎样可以赚更多的钱"。

对此，有以下的提示：

1. 一起和孩子筹划家庭的金钱计划。假设家里一个重要的节日要过，一起和孩子商量怎么安排在有限的时间内，必须买哪些东西，次要的是哪些东西，该怎么购买，花多少钱。并让孩子自己设计一张预算表，从中引导他适度使用钱财的方法及如何规范花钱。

2. 指导孩子主宰收入，控制使用零用钱途径。孩子如果比较大了，可以指导他们参与兼职工作或者参与一些公益性的活动，让他们体会赚钱的辛苦，可以让他们尝试进行一定的投资理财工作。并且让他们主宰自己的收入。还可以在孩子的成长过程中，适当传授一些经济方面的经验。

3. 教给孩子预算知识。孩子能通过预算来决定如何支配定期得到的钱；通过管理资金的流转，知道该把钱往哪些地方花。这样，无论何时需要，他们手里总有足够的钱。在孩子们年幼时让他们掌握预算知识对他们以后的成长非常重要。

对孩子，家长不能这样说：

1. "你这败家子，这样花钱，家里就是开银行也让你花光了！"

若孩子花钱无节制已经成习惯了，你这样骂孩子非但不能起到教育的作用，还会让他觉得反感。最好的办法就是让孩子通过自己"挣钱"来体会金钱来之不易，不是想得到就可以得到的。

2. "想要什么就买吧，爸爸有的是钱。"

孩子本来就爱花钱，现在又得到你的支持与鼓励，孩子不是花得更理所当然了吗？如果你说："你如果觉得有必要买，那就买吧。"也许孩子还会想想自己真的需要非买不可吗？至少来说还有一个斟酌的过程。

3. "我们家很穷呀，你可不能像某某一样乱花钱呀!"

这样的话只会让孩子产生逆反的心理。"为什么我们家很穷，为什么我就不能像某某一样痛快地花钱呢？""我怎么样才能花钱痛快呢？"哭穷会导致你的孩子因心理落差产生很大的伤害。他们觉得自己不能乱花钱是因为爸爸妈妈没有钱，如果有钱，就可以乱花。等到哪一天，孩子真的有钱了，你想想他又怎么能不乱挥霍呢？

如果你的孩子已经养成了乱花钱的习惯，也不要太着急，这需要你的正面引导。比如，适度控制给孩子的钱，当孩子挥霍无度时，可以拒绝再给予，让孩子知道父母的给予是有限的，不可能想要就都能得到；如果花完了，就不可能再有。

不要心疼孩子，不要怕孩子没有钱在学校会受苦，适当时候，孩子该受苦，就应该让他受点苦。种下什么种子，就要收获什么样的果实，这才是公平的。

谁都爱孩子，关键在于你爱的方式，让孩子自己学会"谋生"并不是不爱孩子的表现，反而是在增加孩子的生存能力。这对孩子的成长而言，意义重大。

曾有一位著名的台湾教育家，在讨论如何建立孩子正确的金钱观时，用了这样一个比喻："给他鱼，不如先教他如何钓鱼"。一个人的很多习惯都是在青少年时期养成的。我们可以从一个学生对待零用钱的态度，判断出他将来当家理财的点点滴滴。一个人如果从小克勤克俭，长大后自不会花钱大手大脚；如果一个孩子小时候要雨有雨，要风得风，让他感到钱伸手就来，来得很容易，长大后一不留神，就会很容易犯下难以弥补的错误。

理财合理很关键，学会理财，是每个人青少年必备的生活技能。要有计划地、合理地消费，不断地积累消费的知识，不要盲目攀比，做到精打细算，在消费时不吃亏，不浪费金钱。学会合理理财，不但能给青少年带来知识和快乐，而且还能增加他们的财富，使生活更加精彩，更能感受到人生的意义。

第四节　脚踏实地不毛躁

在人生之道路上，要做许多事情，我们必须要一丝不苟，脚踏实地去做，唯独这样才能做得最好。有一个这样的故事，说某一天一个天文学家在走路时头一直仰望着星空，没有看路，结果不小心掉井里去了。故事告诉我们做人一定要脚踏实地，不能好高骛远。

"勿以善小而不为，勿以恶小而为之。"青少年要从小培养"从小事做起"的良好习惯，不管做任何事都要脚踏实地，一步一个脚印，把事情尽量做得完美。

司马光对自己要求一向很严格。每晚他总是在老仆人睡了之后，自己仍然点上蜡烛工作到深夜，第二天凌晨起身接着工作。天天如此，一直持续了19年。夜里，为防止困乏而睡过了头，便用圆木做了个枕头，木枕很光滑，只要稍稍一动，头就会落枕，人就会惊醒。后人都把此枕叫做"警枕"。司马光曾向他好友邵雍问道："你看我是怎样的一个人？"邵回答说："君实，脚踏实地人也。"意思是说司马光研究勤奋刻苦学习，踏实认真。这就是"脚踏实地"成语的来源。

平凡的事往往最好做，但也需要平静的心，需要脚踏实地。青少年做事情要脚踏实地，从小事做起，先把自己能做到的事做好，然后把自己的目光放远一点，目标订高一点，尽量做得圆满一些。

当前一些青少年的通病之一是浮躁心理，表现为缺乏思考和计划、行动盲目、做事心神不定、缺乏毅力，干什么事都"三分钟热度"，今天说学武术，明天又说想学画画，可都坚持不下去。这样的青少年一般都缺乏恒心和毅力，急于求成，见异思迁，不愿为了实现自己的理想努力学习。长此以往，将来什么事也干不成。

时常有家长抱怨"我的孩子看上去挺聪明，可是在关键的时刻总迷糊。考试的时候不是漏了这个，就是错了那个"，"每天上课总会把一些作业、文具的落在家里，非要别人帮助，才能把事情做好。"是呀，碰到这样的孩子，难免是会着急，但是如果我们追根溯源就会发现，孩子之所以做事这么"迷糊"，跟家长一贯的教育是脱离不了干系的。以下是为家长们总结出的孩子做事情浮躁、不踏实的一些常见原因：

1. 家长的影响。很多家长自己做事情就是患得患失，心神不宁，这种心理难免会影响到自己的子女。孩子每天跟着自己的家长毛手毛脚地跑来跑去，今天学钢琴，明天学书法，后天学跆拳道，最终心情越来越浮躁，导致应该学习的学不好，其他事也做不好，真有点得不偿失。

2. 意志品质薄弱。有的父母只注意给孩子灌输知识，却不知去培养孩子的意志和品质，因而造成有的孩子学习怕苦怕累，做事急躁冒进，缺乏恒心。

3. 早期家长过分包办，等到孩子应该自己做事情的时候，不是丢了这个，就是忘了那个，而孩子总认为应该有人帮他忙的。比如，学习学不好了，家长请家教；东西忘记带了，家长送到学校等。如此教育，孩子不但缺乏自理能力和办事能力，还会养成惰性。因此，让孩子不马虎，培养孩子的自理能力和做事情有条理的能力等，是完全有必要的。

为了改变孩子的浮躁心理，培养孩子做事情踏实、严谨认真的良好习惯，父母应指导孩子注意以下问题：

1. 教育孩子立长志。俄国伟大的作家列夫·托尔斯泰说过："理想是指路的明灯。没有理想，就没有坚定的方向；没有方向，就没有生活。"父母只有帮助孩子树立起远大的理想，才能使孩子明确生活目的和对崇高理想的追求，具有对生活和学习的高度责任感，这对防止孩子浮躁心理的滋生和蔓延，培养孩子踏实、认真做事的习惯十分有利。

2. 重视孩子的行为习惯。首先，家长应要求孩子做事情要先思考后行动。比如明天要上什么课，先看看课程表，整理出相应的书本与作业才能去睡觉等。家长要引导孩子在做事之前，经常问自己这样一些问题："为什么做？希望有什么结果？怎么做才能做好？"并要具体回答，写在纸上，使目的明确，言行、手段具体化。其次，家长应要求孩子做事情要有始有终。不焦躁，不虚浮，踏踏实实去做每一件事，一次做不成的事情就一点点分开去做，积少成多，聚沙成塔，累积到最后才有可能达到目标。

3. 用榜样教育孩子。身教重于言教。父母首先要先调适自己的心理，改掉浮躁的毛病，为孩子树立起勤奋努力，脚踏实地工作的良好形象，以自己的言行去影响孩子。其次，鼓励孩子向革命前辈、科学家、发明家、文艺作品中的优秀人物等榜样学习，以这一类人的优良品质来对照检查自己，督促自己改掉做事情浮躁、不认真的毛病，培养脚踏实地的优良品质。

4. 放手让孩子独立，自己的钉子自己碰。经过家长的教育和引导以后，家长还应该放手让孩子去完成自己的事情。孩子没有做好，就只能自己去承担没有做好事情的不良后果，让孩子从中吸取经验教训。

5. 教给孩子做事情"认真、细致、有头有尾"的方法。有些时候，你的目的就在于告诉孩子做事情应该认真、细致、有头有尾。给他讲很多空道理既费时费力，而且还可能吃力不讨好，孩子也未必能听得进去。与其给孩子空口说白话，还不如教给孩子怎么把事情做好的方法，父母多做，并且带头去做，孩子方能受益终身。

培养孩子做事情踏实的习惯，家长需要注意的原则：

1. 不要急于求成。家长对孩子的"进步"急于求成，恰恰就是一种浮躁、不踏实的表现。所以，不能光要求孩子一下子就能改掉坏习惯，而应该自己先克服这种毛病，然后慢慢去引导，给孩子一定的时间让他去改变。

2. 不要责骂。打骂的结果只能让孩子叛逆到底，最后即便能够做好某一件事情，也还是要给你搞出一点乱子以示"个性"，表示我不怕你；而絮叨，反复批评的结果只会让孩子觉得反感，丝毫没有一点教育的作用。说话注意"点到为止"。

3. 多表扬、多鼓励。把孩子的每一点点进步都看在眼里，当孩子有一次表现比较好，做事情不再马虎时，家长一定要及时鼓励和表扬，这样才能激发孩子再接再厉继续做好的决心和一定可以把事做好的信心。

做事情心浮气躁不踏实是成功、幸福和快乐的最大敌人。如果孩子从小受到这个习惯左右，将很难做好一件事情，今后更不可能有所建树。

毛躁的人难成大事在这个越来越趋于浮躁的社会里，心浮气躁似乎成了一种社会通病。越来越多的人无法静下心来踏实做事，每个人都匆匆忙忙，每个人都迫切地希望用最快的方式获得成功。因为过于急功近利，导致很多事情不能做好。这样，越是心情迫切，离成功也就越远。孩子也一样。

因为"罗马不是一日建成的"，任何成功都是日积月累的结果。培养孩子做任何事情都踏踏实实的习惯，反而能让自己的孩子逐渐接近成功。

同学们，要把你当成个老木匠，想想你要盖的房子，每敲进去的一颗钉子，上去的一块木板，或者垒起的一面墙，都是你一生中唯一的创造，不能抹平重建，即使只剩下最后一天，最后一件事情，那这一天的最后一件事情也应该做得精致而富有珍藏价值。

生活中有很多孩子一天到晚总是忙忙乱乱的、做事情毛手毛脚，慌里慌张，每天不是丢了这个就是落了那个，这些习惯让家长们很是着急。如果孩子们能够改掉自己的坏毛病，一样也能取得好的成绩，更有可能在今后的人生中获得成功。

马虎、不踏实给人类酿成的可不仅仅是一个个很小的悲剧，有时也是大灾难。这是《坠毁之谜》告诉我们的。

美国"哥伦比亚"号航天飞机不幸坠毁了。在经过调查以后，人们对航天飞机坠毁的原因有了初步的结论，原因是航天飞机在起飞时，机翼受到某种物质撞击后，隔热瓦产生了轻微的裂缝。在航天飞机返回时与大气层剧烈摩擦后，因为没有隔热瓦保护，产生的高温使航天飞机在空中解体，7名宇航员全部葬身蓝天。

直接导致飞机坠毁的原因是壳体保温材料不过关。这个结论震惊了科学界。不是因为这是一个技术缺陷，而是因为它是普通的常识性问题。关于航天飞机隔热瓦的保护技术问题早就解决了，而在科学技术发展到今天的时候，人类竟然会在这个常识性问题上酿成大错。

揭开这个谜底的人叫詹姆斯·哈洛克，他是事故调查组的成员。在事故调查中，一个偶然的机会，哈洛克说看到了航天飞机的工程师向他提供的隔热瓦的说明书，在一份 25 年前印制的小册子上面印着：隔热瓦的设计强度。

哈洛克对设计强度表示怀疑，他进行反复测算，最终得出结论：一支普通的铅笔从大约 15 厘米的高度自由落体时所产生的冲击力就是航天飞机隔热瓦的设计强度！谁都可以想象，这种隔热瓦的设计强度根本不足以保护航天飞机这种庞然大物。谜底就这样被揭开了。

每块隔热瓦的造价 80 万美元，是用来防护航天飞机在返回大气层遇到热障时不会被高温熔解的。但对于价值 180 亿美元的"哥伦比亚"号来说，当它准备去沐浴"枪林弹雨"之际，工程师给它设计的隔热装置虽然能挡住上千摄氏度的高温，却不能防护比一支铅笔大一点的冲击。

当"哥伦比亚"号在空中飞行时，一个豌豆大的物体就能产生相当于质量为 180 千克物体产生的冲击力，足以给"哥伦比亚"号以致命的打击。"哥伦比亚"号能多次返回地球，已经足够幸运了。

"哥伦比亚"号的悲剧在提醒我们，高科技的基础在于细节，只有踏实做好每一个细节工作，才能避免类似的悲剧再次发生。在我们的生活中同样是如此，只有做到踏实做好每一件小事情，才能避免一些不必要的麻烦，减少一些完全可以杜绝的悲剧发生。

培养孩子将踏实作为一种本能的习惯，能让孩子摒弃浮躁，踏踏实实地做好自己的事情，一步一个脚印。拥有这样的习惯，是对成功的一种有效累积。只要拥有这种做事踏实的习惯，孩子未来人生基业的巍巍大厦一定能坚如磐石。"简单的事做好了就不简单，平凡的事做好了就不平凡。"这是成功与幸福人生的法则。

第六章　好习惯构成人的正能量

第一节　告别任性守规则

孩子任性，说一不二，是当今很多家长所面临的一道棘手难题。一个任性的孩子，无论在学校，还是在将来走向社会，都容易陷入人际关系的泥潭。

有关的研究表明，在独生子女中，有 60% 以上的孩子有不同程度的任性行为。所谓任性，就是放任自己的性情，对自己的行为不加约束，对自己的情绪不加控制，想怎样就怎样，爱做什么就做什么，不辨是非，固执己见，明明知道自己不对还要继续做下去。从心理学角度讲，任性是个性偏执、意志薄弱和缺乏自我约束能力的表现，对孩子的成长具有负面的影响。若是真爱孩子，就别让任性成为孩子的习惯！

儿童的思维是以自我为中心的，他们常常根据自己的向往和兴趣，向家长提出这样或那样的要求。如果家长对孩子的要求总是无原则地满足，孩子慢慢地就会滋长出任性、专横的毛病。这对孩子今后的学习、生活以及事业的发展是不利的，还会影响到孩子健康人格的塑造。

法国教育家卢梭在《爱弥儿》一书中曾指出："你知道不知道，用什么样的办法一定能使你的孩子得到痛苦？这个方法就是：百依百顺。因为有种种满足孩子欲望的便利条件，所以他的欲望将无止境地增加。迟早有一天，你会因为无能为力而表示拒绝，但是，由于孩子平素没有受到过你的拒绝，突然碰了这个钉子，将比得不到他所希望的东西还感到痛苦。"

任性的孩子"偏要那些不可能得到的东西，从而处处遇到抵触、障碍、困难和痛苦。成天啼哭，成天不服管教，成天发脾气，他们的日子就是在哭泣和牢骚中度过的"，这样的孩子肯定是不幸福的。

任性的孩子常常用一些手段来威胁他人，如不吃饭、大哭大闹，甚至做出自杀、离家出走等极端行为。这些行为对吓唬自己的亲人也许还有一些用处，但用在他人的身上就行不通了，因为没有人愿意为他的任性"买单"。这样的孩子，在今后的人生中往往会四处碰壁，因为一旦没有办法顺他心、如他意时，为了达到目标，他们会不惜铤而走险，甚至走上犯罪的道路。

任性的孩子往往因为在家里"顺心"惯了，他们常以自我为中心，自私、无理，不懂得如何与别人合作。于是，在生活中难免受到他人的"冷落"与"不满"，严重影响了孩子的人际关系，对孩子的身心健康又产生很大的负面影响，严重的，甚至引发抑郁症。

任性的孩子因为在家里感受惯了随要随给的乐趣，不停地要这要那，偶尔遭到拒绝就生气。因为心疼孩子，为了孩子不生气，家长只好顺着他的意思去做。家长的"溺爱"助长了孩子贪欲的不断增长。这样的孩子以后很难得到满足。

任性的孩子的心理承受能力差，遇到一点点挫折就可能受不了，容易产生心理障碍。这样"脆弱"的孩子，很难想象他今后会有什么作为。非但没有作为，很可能作出一些让家长始料不及的"蠢事"。这当然是家长所不希望的。

所以，纠正孩子的任性一定要趁早，绝不能等孩子性格已经定性才开始纠正。记住，孩子未来所处的社会，并不崇尚金钱和权力，谁也不可能为孩子准备好无穷无尽的金钱和权力。就算他们真的成为比一般人有钱、有势的"富二代"、"权二代"，一旦他们触犯某种底线，社会、舆论、法律给予他们的惩罚，可能要大于普通人。

了解你的孩子任性的"指数"对帮助孩子纠正任性的行为有帮助。

1. 有点任性，但不严重。一些孩子偶尔执拗、任性，这是为了表现自己有人"保护"，所以，满足孩子合理的要求很重要，偶尔让孩子小小的虚荣心得到满足，让他纵容一下，有时能让孩子有自信心。当然，只要稍加情绪疏导，孩子就能恢复正常。

2. 比较任性，但能明白事理。一些孩子比较自我与任性，希望得到别人的重视与注意，但会选择对象。如果知道对方不能满足自己，自己"任性"也无用，就不会再任性了，而且，这些孩子相对比较懂得道理，家长多表扬，多调教，孩子还是能够变得不再"任性"的。

3. 非常任性，经常无理取闹。这类孩子表现为占有欲强，想要什么就必须给什么，不达目的绝不会罢休。这样的孩子能不分场合哭闹，严重影响到父母对他的"教养"与他自己今后的生活，家长必须严加调教，不要以为孩子小，长大了就能改变！

多数孩子脾气暴躁是后天形成的。在独生子女中，这种现象可能更普遍一些。作为家长，我们很有必要让孩子明白，乱发脾气是不会让大家喜欢的，而且会影响到获得知识、人际交往能力等各方面，不利于今后的发展。所以，每当想要发脾气时，都要学会自我控制，从而逐渐克服乱发脾气的坏习惯。

纠正孩子任性习惯的方法:

1. 在处理孩子的任性行为上,父母的态度要一致并且要坚决,同时,爷爷奶奶外公外婆也一定要与孩子的父母保持一致的态度。要不然,对孩子的任性要求,父亲坚决不给,而母亲却给;父母坚决不给,爷爷奶奶却给,这样让孩子的任性行为也就有了发展的机会,他的任性行为就永远不会得到彻底纠正。同时,这样做还会使孩子形成不良的双重人格(父母面前是个乖孩子,爷爷奶奶面前则是个极端任性的孩子),这不利于孩子的心理健康。所以,要彻底纠正孩子的任性行为,成人就要采取一致的态度,只有这样才能使孩子对自己的任性行为,只有放弃,别无选择。

2. 利用"不予理睬"的方式。即面对孩子的任性,只说一句警告的话,然后通过以下的几个步骤纠正他。

(1)面对孩子编出的种种理由与各种胡闹行为,采取不解释、不劝说、不争吵、不理睬、也不要在孩子面前表露出心疼、怜悯或迁就,更不能和他讨价还价的办法,否则就会强化他的争吵、胡闹行为,使他的目的得逞。可以先保持一段时间的沉默,做你该做的事,冷落他,一两次就会让他记住教训。

(2)如果孩子进一步胡闹,且使你难以忍受时,可以暂时离开现场。这时仍然保持不批评、不与之讲道理、不打、不骂的态度。

（3）等孩子情绪稳定后，告诉他："你刚才胡闹是不对的，现在你情绪稳定了，你可以做你自己的事去了！以后你再这样，我们仍然不会理你。"然后简单而认真地说明这件事不能做的原因，并对他说"相信你以后会听话的"之类的话来鼓励他。

3. 提示在先。掌握了孩子任性的规律后，用事先"约法三章"的办法来预防任性的发作。如孩子上街总是哭闹着让大人抱。可在出去之前就与孩子说好，"今天上街不要妈妈抱，你自己走，实在累了，可以休息一会儿再走，不然就不再带你出去了。"

4. 适当惩罚。对于年龄小的孩子，只靠正面教育是不够的，适当惩罚也是一种极为有效的教育手段。如孩子任性不吃早饭，家长既不要责骂，也不要威胁，只需把所有的食物都收起来。孩子饿时，告诉他肚子饿是早晨不吃饭的结果，孩子尝到饿的滋味就会按时吃饭了。

总之，对于孩子任性的行为，家长应该做到既不卡又不纵，使其任性行为走上有节制、受制约的轨道。这样，孩子任性行为才有可能逐渐成为理智的正常的行动。

家长不能这样处理：

1. 任性的孩子常常表现为不达目的不肯罢休，非常执拗，甚至胡搅蛮缠。如果家长以"犟"制"犟"，非要砍掉他的

"棱角"不可，那么，就有可能使孩子形成固执、违抗的性格，一旦家长与孩子的感情发生对立，孩子就易产生逆反心理，凡事总逆着大人行事，教育就更难了。因此，当孩子任性时，切不可用简单、粗暴的态度来"热处理"，要学会使用某些具体有效的办法分散并转移他的注意力。

2. 对待孩子的任性和倔强，家长千万不可轻易地给孩子断言：不听话、不乖、犟、不是好孩子等等，尤其不能在孩子面前反复这样说。经验证明：那些从小倔强的孩子，长大后多成为有主见、有能力、有作为的人；而一味老实听话的孩子却有可能成为盲目顺从、依赖性强、平庸无能的人。其关键在于教育。大凡脾气犟、任性的孩子，自我意识强，好胜心重，有某种程度的韧性。家长要善于发现并利用这些"闪光"点，正确引导，就有可能培养出良好的意志品质：坚韧、顽强、有毅力。

3. 放任自流。"反正你都懒得听我的话了，我就不管你了，你自己看着办吧！"这是许多家长生气时常说的气话，孩子听了这样的话，觉得自己被家长"抛弃"了，会产生心理上的伤害：反正你不不想管我了，我就自暴自弃好了！

纠正孩子任性行为，家长要注意的原则：

1. 不要当着其他小朋友或全家人的面大声呵斥孩子，以避免挫伤孩子的自尊心。

2．不可无原则地一味迁就。切勿让孩子认为父母"吃"任性这一套。否则，在孩子的头脑中就会产生用任性行为来达到目的的想法。

3．对于孩子提出的正当合理要求，大人要尽可能予以满足，并且说到做到。一时无法达到的，也要向孩子解释清楚。

不做任性的小孩就要守规则。规则是指社会和团体为实现某种目标而共同制定的。社会是一个整体，守规则意识将影响一个人终生适应社会的程度。没有守规则意识的人无法在社会立足。因此，从小对孩子进行守规则意识及执行规则能力的培养不可缺少。

如果你的孩子懂得遵守规则，必然能够把握住规则的"准绳"，最终成为规则的受益者。反之，不遵守规则的孩子不但影响到别人，最终还害了自己。

生活中应遵守的规则：

规则，就是制定出来供大家遵守的制度或章程。守规则意识即是遵守这些制度或章程的良好态度和习惯。守规则意识较强的孩子，自律精神也较强，比较容易适应群体生活。没有守规则意识的孩子，将来无法在社会中立足，更谈不上成才了。所以，家长要从生活细节入手，从小培养孩子的守规则意识。

那么，在我们的生活中，有哪些规则是与生活密切相关的呢？作为家长，应该让孩子了解哪些眼前的规则呢？

1. 遵守交通规则。教育孩子不足 12 岁不要骑车上街；横穿马路要走人行横道；乘车要按秩序排队上车；不要在马路上嬉戏打闹、玩轮滑。

2. 告诉孩子，在学校学习期间要遵守学校的各项规章制度，上课认真听讲，遵守课堂纪律；尊敬老师；关心集体、团结同学；爱护公物，损坏公物要赔偿；课间不要在楼内打闹，不要大声喧哗；保持教室卫生，不得乱扔纸屑杂物。

3. 让孩子明白在购物时，要自觉遵守超市、商场等公共场所的秩序，购物人多要自觉排队。遇到自选商品，要爱护地挑选，不要乱放乱扔，更不能像有些没教养的人，偷吃偷拿。

4. 当你带孩子参观文化场馆或到公园、名胜古迹等地游览时，要让孩子明白应该自觉维持公共秩序，参观人多时要排队；注意自觉保护公共场馆设施，保持文化场馆、名胜古迹的卫生，不要乱写乱画、乱扔杂物，不去践踏草坪、毁坏花草树木等。

5. 教育孩子在观看影视话剧时，要遵守剧场秩序，不要大声喧哗，不要起哄吹口哨、鼓倒掌等。

6. 让孩子知道不论在任何地方，都不应该随地吐痰，要保持公共卫生；上完厕所应该放水冲洗抽水马桶等。

7. 如果有事情需要出门，要跟家长打招呼，这不仅仅是礼貌，更是一种起码的规矩，就像在学校不能上课时要请假一样。

我们每天需要遵守的规则有很多，如果没有这些规则，我们的生活就不会有序，我们的权利就不会得到充分的享受，我们的人身安全就不会得到充分的保障；我们的学习环境就不会安静、有序、高效，我们的个人成长就不能顺利，我们的生存环境就不会空气清新、清净漂亮。个人的成长离不开社会，只有人人遵守规则，社会才能和平安定，大家才能安居乐业，环境才能清洁美丽。

现在让我们回顾一下哈佛的行事态度。

当年，哈佛牧师在立遗嘱时，把他的一块地皮和250本书遗赠给了当地一所学院，这所学院发展成为现在世界著名的哈佛大学。

关于这250本书，还有这样一个故事：哈佛学院一直把哈佛牧师的这批书珍藏在哈佛楼里的一个图书馆内，并规定学生只能在馆内阅读，不能携出馆外。

1764年的一天深夜，一场大火烧毁了哈佛楼。在大火发生前，一名学生碰巧把哈佛牧师捐赠的一册名为《墓督教针对魔鬼、世俗与肉欲的战争》的书带出了馆外，打算在宿舍里阅读。

第二天，这位学生得知大火的消息，立刻意识到自己从图书馆携出的那本书，已经是哈佛捐赠的250本书唯一存世的一本了。

经过一番思想斗争后，他找到当时的校长霍里厄克，把书还给了学校。霍里厄克校长收下书，感谢了他；然后又下令把他开除出校，理由是，这名学生违反了校规。

不开除这名学生行吗？也可以，不管怎么说，毕竟是他使哈佛牧师的书总算留下了一本。为了感谢他，我们也应该这么做。但霍里厄克校长并没有这么去做。他感谢那位同学，是因为那位同学诚实，把违反校规带出馆外的书又送了回来；开除他，也是哈佛的理念：让校规看守哈佛的一切，比让道德看守哈佛更安全有效。为了不违规、不破例，他们开除了这个学生。这看起来不近情理，但实实在在是"讲原则"。

所以，直到今天，哈佛文化依然闪烁着耀眼的光芒！

一个孩子守规则意识的形成，是要有一个循序渐进的过程，要经历一个从被动到主动的过程，要由成人管理、约束与引导，最终达到孩子的自我管理，并形成习惯。

大多数孩子在入学前主要是生活在家里或待在幼儿园里，这一时期，孩子过的是一种相对自由，关爱较多，拘束较少的生活。

进入小学后，孩子好像一下子掉进了必须守规则的海洋，不但接触到功课里充满各种符号的学习规则，而且每天的生活都受规则控制着。如课间只有 10 分钟休息；课时安排较紧，上课回答问题要举手；下课后，不能在楼道里大声喧哗，甚至如厕、喝水都需要排队等候……这时候，孩子们可能会感到拘束多，不自由。

于是，有很多孩子对这样的"规则"生活有很多的抵触。有许多孩子甚至故意不遵守这些规则。

为使孩子能愉快、积极地适应学校生活，家长应该从小开始培养孩子遵守规则的习惯。

1. 晓之以理，加强引导，跟孩子讲讲规则的用处

家长应该经常给孩子灌输这样一个观念：规则无处不在，一定的规则能保证人们更好地生活。例如，人们要遵守交通规则、游戏规则、竞赛规则。家长可以时常反问孩子，如果不遵守规则会怎样，让孩子设想违规的后果，引起他对规则的重视。

2. 养成遵守规则的习惯

国有国法，家有家规。在家里，物品用完后要回归原处；离家出门要和家人打招呼；家里来了客人要有礼貌地打招呼；按一定的时间作息（定时进餐、睡眠、起床）等，这些约束对培养孩子的守规则意识有很大的促进作用。

3. 培养遵守规则的技能

有些孩子虽然具备了一定的守规则意识，但仍会时常违规，时不时搞出一些乱子，让你在后面手忙脚乱地收拾。实际

上，这并非孩子故意如此，而是因为他们不得要领。所以培养孩子正确做事情的方法对遵守规则也很有必要。

4. 培养自律精神

他人制定的规则是强加的，属外力约束，而自己制定的规则有内省成分，易于自律。家长不妨和孩子一起商最制定家庭规则，以便共同遵守。例如，进别人房间前要先敲门；下棋、玩游戏要按规则决定胜负；说错话或做错事时要有礼貌地道歉；看电视时不要干扰别人。即使家长违规也要自觉受罚，让孩子懂得遵守规则的严肃性。

5. 以身作则，树立良好形象

家中成人的一言一行、一举一动，都是孩子模仿的内容，因此，家长要时刻注意自己的言行，做孩子的榜样。家庭生活中的一些规则，如作息制度、卫生要求、礼貌习惯等；社会生活中的规则，如交通规则、公共秩序等，凡家长要求孩子做到的，自己首先要做到、做好。

培养孩子遵守规则的习惯，不是一朝一夕的事情，必须循序渐进，持之以恒。要做到这一点，要求家长有恒心，不论何时何地，都要排除万难，坚持不懈地支持和鼓励孩子向既定目标努力，直到规则习惯养成。

第二节　利用时间不浪费

"一寸光阴一寸金，寸金难买寸光阴。"我国古代的这句古训道出了时间的重要性，而对青少年来说，珍惜时间尤为重要。宋代民族英雄岳飞在《满江红》里写道："莫等闲，白了少年头，空悲切！"汉乐府诗的名言"百川东到海，何时复西归，少壮不努力，老大徒伤悲。"非常富有哲理。因此青少年更应该学会做时间的主人，紧紧抓住时间。

古今中外，但凡取得辉煌成就的人，无一不是珍惜时间勤奋学习的人。

法国伟大的化学家、物理学家居里夫人，在巴黎大学学院的时候，她晚上到图书馆刻苦读书。晚上10点钟以后，还回到自己的房间坚持继续攻读。"功夫不负有心人"，最后她终于发现了镭这种放射性元素，正是她珍惜时间刻苦钻研取得的成就。

我国伟大的文学家鲁迅，每天都在挤时间。他曾说过："时间，就像海绵里的水，只要你挤，总是有的。"鲁迅先生的兴趣十分广泛，不仅喜欢读书写作，对于民间艺术，特别是传说及绘画等，也有着深切爱好。正因为他多方面学习，广泛涉猎，所以他的时间，实在非常宝贵。他一生工作和生活环境都不好，还经常多病，但他每天都坚持写作到深夜才肯罢休。

人的生命是宝贵的，人的青少年时期更为宝贵，因为青少年正是人一生中的成长时期、打基础最重要的时期。所以，珍惜时间、勤奋学习是青少年成才的先决条件。做时间的主人，就是要抓紧时间，科学安排时间，巧妙地利用时间，在最宝贵的青春期珍惜时间，让青少年学生的每年、每月、每天、每小时、每分钟都有意义，让每一秒钟都成为青少年创造辉煌人生的基石。

爱因斯坦认为，人与人之间的最大区别就在于怎样利用时间。因为每个人对时间的处理态度、安排内容和使用方式不同，所以他们的收获也有所不同。花费同样的时间，有人杰出，有人平庸，有人沉沦。仔细观察那些那些有杰出成就的人我们就会发现，无一例外，他们都珍惜时间，利用有限的时间刻苦钻研，从而创造出辉煌的业绩。

珍惜时间才有收获，珍惜时间就能获得佳绩。孩子能否安排好自己的时间，与他学习能否有效率有很大的联系。不珍惜时间、无法合理安排时间的孩子，往往缺少自我控制的能力，缺乏不断前进的动力；而善于利用自己时间的孩子，将会获得高效率学习带来的结果，因为他们的学习效率高，所以就容易取得好成绩。

　　珍惜时间的人能增长才干。任何人的才干都是通过日积月累而成的，如果不善于珍惜时间，那么挥霍掉的不仅仅是时间，还有自己的生命。最终，时间过去了，可他依然是一个毫无才能的人。而一个珍惜时间的人，能安排好自己的时间，积极进取，勇于探索，最终成为一个有才干、有能力的人。这样的人，一定能成为佼佼者。

　　珍惜时间的人有更多的成功机会。因为他们懂得珍惜时间，能抓住那些稍纵即逝的机会，所以这些人能抓住成功的先机，比别人捷足先登。而那些动作拖拉没有时间观念的人，往往会错失成功的良机，成为被"时间"、被机遇遗弃的人。

　　珍惜时间的人能创造财富。时间就是金钱的说法无可非议。在激烈的商战中，谁抓住了时间，就等于抓住了商机；谁抓住了商机，就等于抓住了金钱。

　　珍惜时间的人比那些不珍惜时间的人更加勤快。因为不珍惜时间，那些懒人的心灵上就长出了锈，于是越懒越愚笨。相反，因为珍惜时间，勤快，所以心灵的刀刃就越磨越锋利，从而变得更加聪明。

　　懂得珍惜时间的人，不仅仅注意不浪费自己的时间，也会时时注意不白白浪费别人的时间。让孩子明白，只有做到管理好自己的时间，才能让自己无论在做什么事的时候都能够轻松应对、游刃有余。

孩子的时间观念并不强，他们往往不能按问题的主次和事情的轻重缓急来安排时间，多是凭自己的兴趣来安排时间，结果就造成了不必要的时间浪费。

在我们的生活中，生活着数以万计的浪费时间的人。这些人的一生庸庸碌碌，无所作为，把自己美好的时间都浪费在一些没有用的事情上面，直到死的时候，后悔都来不及了。

获得哈佛大学荣誉学位的发明家、科学家本杰明·富兰克林是个非常珍惜时间的人。

有一次，他接到一个年轻人的求教电话，并与他约好了见面的时间和地点。

当年轻人如约而至时，本杰明的房门大敞着，而眼前的房子里却乱七八糟、一片狼藉，年轻人很是意外。

没等他开口，本杰明就招呼道："你看我这房间，太不整洁了，请你在门外等候一分钟，我收拾一下，你再进来吧。"说完，本杰明就轻轻地关上了房门。

不到一分钟的时间，本杰明就又打开了房门，他热情地把年轻人让进客厅。

这时，年轻人的眼前展现出另一番景象——房间内的一切已变得井然有序，而且有两杯倒好的红酒，在淡淡的香气里漾着微波。

年轻人还没来得及把满腹有关人生和事业的疑难问题向本

杰明讲出来，本杰明就非常客气地说道："干杯！你可以走了。"

手持酒杯的年轻人一下子愣住了，他带着一丝尴尬和遗撼说："我还没向您请教呢……"

"这些……难道还不够吗？"本杰明一边微笑一边扫视着自己的房间说，"你进来又有一分钟了。"

"一分钟……"年轻人若有所思地说，"我懂了，您让我明白用一分钟的时间可以做许多事情、可以改变许多事情的深刻道理。"

一分钟看似不起眼，却可以做出很多事情。这是本杰明·富兰克林要告诉年轻人的道理！与其为人生的路该怎么走离苦恼，不如从现在就开始把握好每一分钟，一定能够获得自己想要的成功与财富！

同学们，让我们做一个珍惜时间的人，把握现在的每一分钟，只有这样才能拥有美好的明天！

现在，恰恰是最早的时候。

安曼曾经是纽约港务局的工程师，工作多年后到了退休年龄。开始的时候，他很是失落，但他很快就高兴起来，因为他有了一个伟大的想法。他想创办一家自己的工程公司，要把业务开到全世界各个角落。

安曼开始一步一个脚印地实施着自己的计划，他们公司设计的建筑遍布世界各地。在退休后的 30 多年里，他实践着自己在以前的工作中没有机会能尝试的大胆和新奇的设计，不停地创造着一个又一个令世人瞩目的经典：埃塞俄比亚首都亚的斯亚贝巴机场，华盛顿杜勒斯机场，伊朗高速公路系统，宾夕法尼亚州匹兹堡市中心建筑群……这些作品被当作大学建筑系和工程系教科书上常用的范例，也是安曼伟大梦想的见证。86岁的时候，他完成最后一个作品——当时世界上最长的悬体公路桥——纽约韦拉扎诺海峡桥。

同学们，总有一些人想做一件事情但总怕时间太晚了，其实，这样的想法不过是在给自己的人生设置障碍。生活中，很多事情都是这样的，如果你愿意开始，认清目标，打定主意去做一件事，是永远不会嫌晚的。

很多孩子不能如期完成自己的任务，这跟孩子不懂得珍惜时间，不会利用时间有关系。如果你的孩子同样也有不会利用时间的毛病，不妨给他讲个《等待不等于浪费》的故事。

1914 年的一天，有一位朋友从柏林来看望爱因斯坦。这天，正好下着小雨，在前往爱因斯坦家的路上，朋友看到一个朦胧的人影在桥上慢慢踱步。这个人来回走着，时而低头沉思，时而掏出笔在一个小本上写着什么东西。朋友走近一看，原来就是爱因斯坦。

"怎么是您呀，您在这儿干什么呢？"朋友高兴地问道。

"哦，我在等一个学生，他说考完试就来。但是，他迟迟没来，一定是考试把他难住了。"爱因斯坦说。

"这不是浪费你的时间吗？"朋友愤愤不平地说道。

"哦，不，我正在想一个问题，事实上，我已经想出了解决问题的办法。"说着，爱因斯坦就把小本子放进口袋里。

是的，在等待别人的时候，我们同样也可以做自己想做的事情。比如读书，比如记录，比如背诵英语单词等。只要懂得因时制宜，有效地利用时间，就不用抱怨说自己的时间不够。

鲁迅先生曾说过："时间就是性命。无端的空耗别人的时间，其实无异于谋财害命的。"每个人既要爱惜自己的时间和精力，也要爱惜他人的时间和精力，这是人类的基本公德，也是对生命的基本尊重。时间就是生命，与其看重一点点金钱，不如把握好时间，创造更多的财富！

缺乏时间观念的孩子通常表现为"做事拖拉，无效率"、"贪玩、总是任性地做自己喜欢的事情"、"不按时完成作业"、"总说反正还有时间"等，因为不懂得珍惜时间，这些孩子通常与失败为伍。因此，能否珍惜时间，成了家庭教育中一个让家长极为头疼的问题。孩子缺乏时间观念，不珍惜时间，归结起来主要有以下几个方面的原因：

1. 家长本身的时间观念就差。一回家就看电视；到深夜依然不想睡觉，早上总是很晚起床；没事就出去应酬，跟朋友喝酒、打麻将……因为家长总在挥霍时间，以至于孩子同样也养成了不珍惜时间的习惯。

2. 乏正确引导。因为时间是看不见、摸不着，无形状、无颜色的，是一个抽象的概念。因此，许多孩子不了解时间究竟是什么，时间有什么意义。家长也从来没有告诉过孩子时间的重要性，以至于孩子认为只要做了就可以，早晚都一个样，从而一点都不珍惜时间。

3. 缺乏责任感。缺乏责任感的孩子大都对自己的事情毫不关心，他们没有把是否迟到，有没有按时完成某件事情当作一种需要、一种责任、一种本能。

4. 贪玩成性。没有家长制止，许多孩子即便玩上一整天也不会停歇的。在他们玩闹的时候，根本不会有时间意识。

你的孩子不善于利用时间，那么，一定要及早帮助孩子改正这一不良习惯。那么，怎样才能培养孩子珍惜时间呢？

1. 让孩子遵循一定的作息规律。规定的时间睡觉、起床。如果孩子没有时间观念，连最基本的生活作息都会一团混乱，这样，孩子上学迟到、旷课的事情就会经常发生。只有孩子掌握了一定的作息规律，就能够变得勤快而有效率起来。

孩子一起制订一张作息时间表，什么时间起床，洗漱要多长时间，吃早餐要多少时间，放学后先做什么，然后做什么，几点睡觉等，都可以让孩子做出合理的安排。只有把作息时间固定下来，形成习惯，孩子才能对时间有一个明确的认识，才能养成良好的时间观念。

2. 家长以身作则，并且在生活中适时引导孩子，相信必能达到潜移默化的功效。因为家长的时间意识强了，就会给孩子留下深刻的印象，觉得时间确实很重要。这样，孩子在不自觉中就养成了珍惜时间的习惯。

3. 引导孩子按照任务的轻重缓急安排学习顺序。孩子往往分不清自己要做的事情的重要程度，他们的事情往往是由父母和老师来安排的。这也是造成孩子不善于利用时间的一大原因。

事实上，只有充分认识到自己要做的事情与自己的关系，才有可能把这些事情都处理好。父母可以指导孩子每天把自己要做的事情按照重要程度和紧迫程序排列好顺序，这样就可以保证把重要的事情都先完成，把自己的时间和生活安排得井井有条。

4. 给孩子玩的时间。很多父母认为孩子由于作业做得太慢而没有了玩的时间，因此就不断地催促孩子、埋怨孩子，甚至惩罚孩子用更长的时间学习。其实，孩子是因为父母把自己的时间安排得满满的，完全没有自己可支配的时间，才会"不珍惜"时间，才会拖拖拉拉的。在这种没有希望、没完没了的学习过程中，孩子的心态是消极的、逆反的，没有目标，没有兴趣，往往心烦意乱、错误百出，结果时间又被拖得很长，造成了恶性循环。

必须给孩子一定的自由支配时间，让孩子自己做主去做自己想做的事，注重培养孩子自己对时间的支配能力。比如，有的家长要求孩子每天放松一小时。在这一小时内，孩子可以玩、听音乐、休息等，不管干什么，家长都不去干涉，等孩子情绪比较稳定和愉快，有了学习的兴趣和主动性时，就会比较愿意开始较长时间的艰苦学习，学习效果也会更加理想。

家长不能这样对孩子说：

1. "又在玩了，你这样浪费时间，将来一定没有出息。"

这种家长的功利心太强，不给孩子留够"玩"的时间，会让孩子做起事情来更讨厌珍惜时间的想法。他们害怕自己因为珍惜时间，家长又会给自己增加更多新的学习任务，所以宁肯用拖拖拉拉消磨时间。

2. "你为什么就不能让我省心点？"

这样说，孩子就更不稀罕你的"省心"了。他们认为，正是通过让父母不省心，才达到自己能多玩一点儿的目的。所以，"不省心"才是爱自己的表现。

有的时候，大人会习惯以自己的立场来看孩子的发展，而忽略了所必需的引导，以致一番谆谆教诲后，仍得不到想要的效果。其实父母若能采取将心比心式的引导，让孩子慢慢培养起时间观念、时间意识，效果也许更好！父母切忌急于求成。

多鼓励孩子，表扬孩子很有时间观念，同样也给孩子一种提示，一种珍惜时间的渴望，这样，孩子更容易达到自己的"愿望"。

很多时候孩子荒废时间，往往是对时间的利用不科学，这会儿可以做这个，也可以做那个。结果随心所欲，只做了自己喜欢的事，比如看电视、上网，却耽误了学习时间，如果孩子时间合理化了，该睡觉就睡觉，该学习就学习，该玩就玩，孩子就会有珍惜时间的意识。

我们经常看到这种现象：每每刮风下雨，家长们为了不让孩子吃"苦"，不是索性请假不让孩子上学，就是慢慢悠悠拖到9、10点才带着孩子去上课。经常这样，不但会让孩子养成怕苦、畏难的情绪，还让孩子从小就养成了不守时的坏习惯，对孩子的成长毫无益处。

事实上，教孩子守时即是培养孩子的良好教养。孩子一旦拥有这种教养，给人以尊重，与己以利益，在今后的人生路上不但能给他人留下好印象，更能赢得他人的尊重与成功的机遇。让自己的人生之路走得更加顺畅。

守时是高素质人身上体现出的一种美德、一种品质、一种涵养，是有礼貌的一种表现。然而，令人遗憾的是，在当今社会中并不是每个人都懂得这一做人必备素质。在我们的生活中，不守时的现象比比皆是，如小时候上学迟到；长大后约会迟到、面试迟到、上班迟到等。这种不守时的行为不但给他人留下不好的印象，还可能影响到孩子的生活以及今后的发展道路，给孩子的人生留下不可估量的损失。所以，守时的习惯应该从小养成。

守时既是讲信用的表现，也是做人的最基本的要求。它不仅体现出这个人对人、对事的态度，更体现出这个人的道德修养。对于不守时的人来说，浪费的不仅仅是自己的时间和生命，同时也是在"谋害"着别人的时间和生命。守时其实不只是尊重别人的时间和尊重自己的时间，尊重别人的时间相当于尊重别人的人格和权利，尊重自己的时间则无疑是珍惜自己的生命。因此，一个懂得守时的孩子在今后更容易获得他人的尊重。每一次的守时都会给对方留下良好的印象，从而为自己赢得一个又一个朋友。不遵守时间的人，在浪费自己和别人宝贵时间的同时，也会失去朋友，有谁愿意和一个不懂得珍惜时间，不懂得尊重他人的人做朋友呢？不守时虽然只是一种表象，但深层次的原因源于他对时间的轻视和对别人的漠视，所以说，守时不单单是一个素质问题，更是一个人格问题。

守时是赢得信誉的保障。守时不仅能够帮助一个人赢得好名声，而且还能获得他人的尊重。依时守信，遵守时间的孩子，能让别人对自己有信心，他人会觉得这个孩子有责任感，懂得自我管理与约束，值得别人信赖。因此更愿把重任托付给他。这样，孩子便获得了他人的赏识与成功的机会。所以说，从某种意义上说，守时是人际关系的信用契约。一个时间概念淡薄的人，怎么可能会和别人有高效率的合作呢？大事上不守时，小事上还能让人放心吗？

守时的孩子在心态上也比一般孩子能表现出更积极、更健康。因为守时，孩子受到了老师的喜爱，同学的信赖，因此在心态上更加乐观积极，更有创造力，自信心也更强。反之，不守时的孩子是不大受人们欢迎的，所以不守时可能会造成孩子人际关系上的紧张。因为谁也不愿意去等待一个对自己"怠慢"的人。

守时的孩子更容易形成不畏难的情绪，不论刮风下雨，他们都不会找任何借口，总是依时守信，所以，这样的孩子更有意志力，在今后也更容易战胜生活中的困难。这将有益于孩子一生。

不遵守时间是许多孩子常犯的毛病，这种不良习惯可能会影响到孩子今后的处事态度，有违待人的礼节。如果你的孩子不懂得遵守时间的重要性，你不妨给他讲讲下面的这个故事，相信孩子能从别人的身上得到一些启发。

德国哲学家康德是一个十分守时的人。他认为无论是对老朋友还是对陌生人，守时都是一种美德，代表着礼貌和信誉。

1779 年，德国哲学家康德计划到一个名叫瑞芬的小镇去拜访朋友威廉·彼特斯。他动身前曾写信给彼特斯，说 3 月 2 日上午 11 点钟前到达他家。

康德是 3 月 1 日到达瑞芬的，第二天早上便租了一辆马车前往彼特斯家。朋友住在离小镇 12 英里远的一个农场，小镇和农场中间隔了一条河。当马车来到河边时，车夫说："先生，不能再往前走了，因为桥坏了。"

康德下了马车，看了看桥，发现中间已经断裂。河虽然不宽，但很深，而且结了冰。

"附近还有别的桥吗？"他焦急地问。

"有，先生，"车夫回答说，"在上游 6 英里远的地方。"

康德看了一眼怀表，已经 10 点钟了。

"如果走那座桥，我们什么时候可以到达农场？"

"我想要 12 点半钟。"

"可如果我们经过面前这座桥，最快能在什么时间到？"

"不用 40 分钟。"

"好！"康德跑到河边的一座农舍里，向主人打听道："请问您的那间破屋要多少钱才肯出售？"

"您会要我简陋的破屋，这是为什么？"农夫大吃一惊。

"不要问为什么，你愿意还是不愿意？"

"给 2000 法郎吧。"

康德付了钱，然后说："如果你能马上从破屋上拆下几根长的木条，20 分钟内把桥修好，我将把破屋还回给您。"

农夫把两个儿子叫来，按时完成了任务。

马车快速地过了桥，在乡间公路上飞奔，10 点 50 分抵达农场。在门口迎接的彼特斯高兴地说："亲爱的朋友，您真准时。"

守时其实不是一件小事，它能够折射出一个人的生活作风与一贯的行事方式。如果你从小就有守时的观念，一定能够凭着意志与恒心做成生命里许多非常需要的事情，并且赢得他人的尊重。

一些孩子跟他人约好了在某个时间一起去做某件事情，但到了关键时刻，总是爽约，或是不能如期到达，长此下去，孩子必然就养成了"不守约、不守时"的坏习惯。如果不希望你的孩子因此失去很多的机会，不如从现在就开始教导他。

汉高祖刘邦的重要谋臣张良是个非常尊重老人的人。有一天，张良闲暇时在桥上散步，这时，有一位身穿粗布短衣的老年人，走到张良待着的地方，把鞋子扔到桥下，对张良说："小子，下去给我拾鞋。"张良猛然一惊，真想揍他，但他见老人年纪这么大，就忍耐住了，他想，老人嘛，有些怪脾气也很自然。他顺从地到桥下给老人捡起了鞋子。不料，老人得寸进尺，又"命令"道："给我穿上！"张良心想，鞋子捡都捡了，给他穿上也无所谓，便跪在地上给老人穿上鞋子。老人很享受地看着张良给自己穿好鞋子，然后长笑而去。

不一会儿，老人折而复返，告诉张良："孺子可教矣。"然后要张良5天后的清晨在这里与他会面。张良顺从地答应了。

5天之后，张良赶到小桥之处，老人却已经等在那里。老人对张良的迟到很生气："跟老人约好时间居然还迟到，这是什么道理？"要张良5天后再来。

又是五天过去了，这一天鸡鸣时分张良便赶往小桥，不料再次迟到，惹得老人大发雷霆。于是，张良被要求再等5天。

这一次，张良半夜便赶往小桥。一会儿工夫，老人飘然而来，看见张良等在这里，不禁高兴地说："做人就应该这样。"然后交给张良一本书，并告诉他，读完这本书并掌握其中的道理，10年之后他便大有用武之地。老人又说："13年后，你会在济北遇到我，谷城山下有块黄石就是我。"随后，老人又飘然而去。

后来，张良一看书名，原来是一本叫《太公兵法》的兵书。

张良得到这本书后认真阅读，终于学到了运筹帷幄、决胜千里的本领。据说，13年后，张良跟随高祖路过济北时，果真在谷城山下看见一块黄石，张良取回它，并把它当作珍宝供奉。张良死后，就和这块黄石合葬在一起。

同学们，尊重他人，遵守时间，与他人约好了时间提前一点到达，能给别人留下比较好的印象，能获得他人的赏识与成功的机会。相反，一个人总是不守时，人家即便想照顾你，给你机会，却因为你的坏习惯而不信任你，这可能导致你与成功擦肩而过。

东汉时，汝南郡的张劭和山阴郡范式同在京城洛阳读书。

学业结束，他们分别的时候，张劭站在路口，望着天上的大雁说："今日一别，不知何年才能见面……"说着流下泪来。范式拉着张劭的手劝解道："兄弟，不要悲伤。两年后的秋天，我一定去你家拜访老人，同你聚会。"

落叶萧萧，篱菊怒放，正是两年后的秋天。张劭突然听见天上的雁叫声音，牵动了情思，不由自言自语地说："他快来了。"说完赶紧回到屋里，对母亲说："妈妈，刚才我听见天空雁叫，范式快来了，我们准备准备吧！"

"傻孩子，山阳郡离这里1000多里路，范式怎会来呢？"他妈妈不相信，摇头叹息："1000多里路啊！"

张劭说："范式为人正直、诚恳，极守信用，不会不来。"

妈妈只好说："好好，他会来，我去备点酒。"其实，老人并不相信，只是怕儿子伤心，宽慰宽慰儿子而已。

约定的日期到了，范式果然风尘仆仆地赶来了。老朋友重逢，都非常高兴。

老人激动地站在一旁直抹眼泪，感叹地说："天下真有这么讲信用的朋友。"范式重信守诺的故事一直被后人传为佳话。

在我们的生活中，常有答应了别人在特定时间做某件事情却没有完成的经历，这是非常不好的。因为，讲信用，守时，是一种美德，一种素养。若是答应了别人要在某个时间完成某件任务，即便遇到再多的困难也应该克服。这是我们从小就应该养成的一种好习惯。

同学们，对于人类而言，时间是唯一公平的拥有，不论穷富、才情高低，不分国籍，每个人一天所拥有的时间都是相同的，谁也没权力侵占别人的时间，更不应浪费别人的时间。一个不遵守时间又不讲礼貌的人连孩子都不会尊重他。只有依时守信，才能够成为一个受人尊重的人！

遵守时间不仅仅是一个好习惯，更是一个令人羡慕的品质。有时间观念，能遵守时间的孩子通常学习效率、工作效率都比较高，在他看来所有的东西都能做到有条不紊、井井有条。这也是孩子拥有出色的心理健康的有效方法，更是能获得他人尊重与信任的保证。不守时的孩子即便有万千的理由和借口，最终都将遭到他人的拒绝和机遇的拒绝。那么，造成孩子不守时的原因有哪些呢？现归结如下：

1. 孩子不能明白守时的意义，家长也缺乏守时的训练、引导和教育。比如，孩子从小家长就没有让他养成固定吃饭的习惯，让孩子没有形成一个的时间认识，生活更没有什么规律。这样，孩子当然不能知道守时的重要性了。

2. 家长过于溺爱，总觉得孩子还小，不需要守时，孩子爱睡懒觉就让他睡吧，叫醒孩子很不忍心，而迟到了更没有什么关系，反正是小孩子嘛，能有什么大不了的呢。也不见得非得差这一点时间。

3. 任性拖拉，做什么事情都没有比较明确的自我要求，对自己缺乏监督，或者对某些人某些事情根本就不在意。更因为孩子不能很好地统筹、规划、管理自己的时间，导致他不守时。

一种不良习惯的养成，都不是一两天的时间，它与儿时经历的教育、家长的引导、过低的自我要求有很大的关系。追究其习惯所以变坏的原因，才能更好地根治，所以，先从我们家长自己身上找原因吧。

家长该如何培养孩子的守时习惯：

1. 自己为孩子做出遵守时间的榜样。在为孩子制订作息制度的同时，父母也应让自己做出严格遵守时间的榜样。不仅要保证每天按时接送孩子，而且在工作、生活、言行等方面都尽量做遵守时间的榜样。平时，若答应孩子干什么或到什么地方，都要准时去做，决不拖延或改换时间。即使有特殊的情况，导致不遵守时间现象出现一定要向孩子道歉，并说明原因，使孩子知道这不是有意的。通过长期的教育和榜样行为的影响，孩子遵守时间的行为习惯不仅能得到发展和巩固，而且也使孩子初步懂得了遵守时间的重要性。

2. 给孩子制订一份家庭作息表。为了培养孩子遵守时间的良好习惯，可专门为孩子制订一份家庭作息时间表。如早晨 7 点起床，7 点半准时上学，下午 4 点半时接孩子回家，晚上 8 点半前做功课，9 点上床睡觉，保证孩子晚上有 9 ~ 10 个小时的睡眠时间。星期六，星期天，尽量做到与上学保持一致，决不放松对孩子的要求。

3. 培养孩子的时间意识，多给孩子讲讲守时的重要性。比如要想别人重自己就应该自己先真诚去尊重别人，尊重别人的时间。此外，还可以给孩子讲讲守时的故事，让孩子认识到守时的好处与不守时的危害等，以杜绝孩子不守时习惯的养成。

如果你的孩子在长期的生活过程中已经养成了一些不遵守时间的行为习惯，那么，就需要花费一定的时间去纠正了。如在执行家庭作息制度时，最初，孩子不能按照要求执行。如起床睡眠时间总是往后拖延，若催促便发脾气，甚至哭闹等。遇到此类情况，父母不能妥协和宽容，而应在严格要求的基础上，对孩子进行耐心的说服诱导，必要时可采取命令的方式要求孩子。作息制度长时间地严格执行后，孩子不遵守时间的坏习惯会慢慢被纠正的，能逐渐养成遵守时间的良好习惯。

教育孩子守时应注意的规则：

1. 家长在言传身教、以身作则的同时，对孩子行为的正确与否应多观察，对良好的行为应予以鼓励；对不良的行为，应让孩子在辨别是非的前提下予以戒除。

2. 有些大道理讲了，孩子对听不懂、听得懂的是不会全放在心上的。所以给孩子一些教训也是有必要的。比如，吃饭时间过了，孩子还因为玩闹姗姗来迟，家长最有效的办法就是收起他的饭碗不再让他吃，也不给他提供其他食物。让孩子吸取这个教训，他就知道以后守时了。

3. 家长在要求孩子守时的时候常说这样的话"你不准迟到，迟到了就不给你买冰激凌吃了"。显然，要孩子不迟到是需要诱惑的，如果哪一天这种诱惑再不能打动孩子，那它就失去效用了，那么你是不是还要说"你要不迟到我就给你钻石"之类的呢？所以，用物质诱惑孩子守时并不可取。

4. 孩子没能遵守时间时，责骂与抱怨会让孩子的情绪陷于低落的状态，这样，不但没有达到教育的目的，还会让孩子反感，伤害亲子的关系。

当你的孩子能够准时起床、按时吃饭、上课不迟到时，应多给孩子一些鼓励与欣赏。但这种奖励一定要注意以精神奖励为主。比如，给孩子一个拥抱，对孩子说你真棒，告诉孩子你很有毅力等，让孩于在赏识中养成"守时"的好习惯。

当你不得不惩罚孩子的时候，应该让他知进自己受惩罚的原因。这样做是为了杜绝孩子再因误时而误事。

总之，爱孩子，教育孩子的方式有很多，就看家长怎么去引导了。

守时是一种美德，代表着礼貌和信誉，是一个人有教养的表现。一个守时的人，在得到别人尊重的同时，也会给别人一个好印象。

第三节　做事拖拉要不得

在忙碌的现代生活中，许多父母常常苦于孩子做事拖拖拉拉；不叫上三四遍不起床，不盯着就不好好吃饭，不再三催促就不去写作业……其实根本问题在于父母们缺乏有效的教育技巧，才把自己搞得疲惫不堪，收效也甚微。

孙女士说：儿子今年刚读小学五年级，很贪玩，每天作业都要忙到晚上 10 点多，她曾经试了很多办法，儿子都很难"快"起来。她曾经和其他家长交流过，其实老师布置的作业并不多，一般认真做的话在晚上七八点钟就可以完成。为了让自己的儿子能够快点做完作业，她就得在旁边督促，可儿子写作业还是很慢。

很多家长们都反映，自己的孩子做作业拖拉。为了让孩子麻利地完成作业，有的家长"死看死守"；有的家长采取奖励措施，孩子在规定的时间内能完成作业，就奖励孩子可以看电视或给一些好吃的等。

做事拖拉不仅仅是一种态度问题，更有一种病态、消极的心理因素在里面。做事拖拉的人通常是等到最后一刻才拼命抱佛脚。这样的做事习惯往往使工作效果大打折扣，甚至会因为无法在最后期限前完成指定的任务，而一次次失去成功的机会。所以，拖拉是阻碍个人发展的大敌。培养孩子做事情不拖拉的习惯，是为了让孩子抓住许多美好的光阴，获得更多成功的机遇。

如何及时发现孩子的拖拉的坏习惯：

1. 常常观察孩子的行为举止是否总是拖拖拉拉，边做边玩，没有一点点紧迫感。如果孩子有类似的情况，应该及时纠正，引导，让其向良好的方向发展。

2. 了解孩子在学校里的行为，多和老师交流，了解孩子在学校当中做事情的效率、对学习的态度等，从而发现孩子的不足。

3. 向孩子的同学去了解孩子可能不了解什么叫拖拉，但同学们能客观地反映自己的孩子表现如何，这也是了解孩子的最佳途径。

其实，拖拉的习惯不是天生的，而是从他人身上模仿得到的，其影响根深蒂固。归结孩子拖拉的原因，大致有以下几种：

1. 惰性心理。这些孩子感受不到办事利索带来的好处，所以把不喜欢的事、太费力气的事统统能拖则拖，不到最后一刻就提不起精神来。而对于太简单的事情因为容易完成，就更是磨磨蹭蹭，觉得只要在最后期限前去做也为时不晚。他们一天到晚这里转转，那里晃晃，久而久之，就形成了习惯。

2. 孩子的时间观念差，做事情缺乏紧迫感，也就是常说的"慢性子"。这主要是家长对孩子的管理比较宽泛，对孩子在规定的时间内应该完成的事情缺少合理的约定，养成了他们办事拖拉的坏毛病。

3. 父母管教不当，而且家长自己也没有以身作则，缺乏时间概念，没有树立高效率做事的榜样。或者在平常生活中，家长过于迁就孩子的懒散，导致孩子形成了拖拉的习惯。

4. 但是如果家教过严，也会导致拖拉现象。在重压之下的孩子往往只能采取消极的态度去对抗父母。等到他们成人之后，他们对正事也照旧拖拉，因为在其潜意识里面，这是对权威的反抗。孩子的故意反抗，是孩子受限于父母的控制所展现的软性对抗。任性、执拗、不听别人的意见，故意破坏父母的愿望，也就是说故意拖拖拉拉，其实隐藏着孩子对父母总是不断催促的不满与报复。

5. 孩子的能力不足，自信不足，比如有的孩子由于在儿时大脑发育比较缓慢，在学习上赶不上同龄孩子，于是在学习过程中也就提不起精神，于是就进一步形成了拖拉的退缩行为。

实际上，拖拉习惯还是可以通过各种锻炼加以改变的，而做父母的最主要是应该记住：拖拉的孩子不一定是笨或"不优秀"，应该相信：只要正确培养，再拖拉的孩子也能成大器。

做事拖拉的不良行为习惯是可以克服的，只要孩子定时安排好计划并付诸实行，一定会提高做事效率的。

家长应该如何培养孩子做事不拖拉的好习惯：

1. 鼓励孩子今日事，今日毕。家长应该经常告诫孩子，不要将今天的事留到明天去完成。告诉孩子如果今天的事情留到明天，就会占用明天的时间，这样不仅会落后，还会耽误明天的工作。刚开始可用物质奖励的办法，等到孩子习惯以后可以改用口头表扬的方式，鼓励孩子当天的事情当天完成。此外，每天晚上孩子入睡前，还可以和孩子一起总结每一天的成绩，提升孩子每日的"成就感"。如果感觉做事有困难，可以分解，先易后难，最后，集中精力去攻克。这样就不会造成拖延，使问题在很短的时间就可以解决了。

2. 帮助孩子制订每日计划。为孩子制订每日计划，能有效地规范孩子的行为，帮助孩子有目的地完成当天的事情。如果孩子在完成当天任务后，一定要让他去玩、去闹，使孩子感受到完成任务的好处。同时，帮助孩子养成在规定时间内完成任务的良好习惯。要有意识地培养和训练孩子的高效意识，以增强孩子的自我控制能力，学会排除干扰，不为无关的外界刺激而分心，以致影响学习效率，妨碍正常工作。

3. 家长要作好榜样。身教重于言教，父母的一言一行都关乎孩子的良好行为与观念的养成，所以，家长如果做事情不拖拉，改掉平时做事懒散习惯，养成干净利索、动作迅速的做事习惯，这样孩子也容易受到感染，从而逐渐养成做事麻利的好习惯。从家长的行为与言行中受到教益，得到启发。

4. 借助计时器，帮助孩子养成做事不拖拉的习惯。孩子年龄小，常会以自我为中心，有时还会故意不按大人的意思去做。这时，不要训斥孩子，更不要帮孩子去做，否则会剥夺孩子获得成功的机会。不妨保持一种豁达、宽容的心境。可以和孩子一起到商店挑选一个他喜欢的计时器，然后每次做事前，让孩子自己选定合理的时间去完成。这样做会大大调动孩子的积极性，提高孩子做事的速度，在不知不觉中孩子就养成了做事不拖拉的良好习惯。

5. 让孩子与小伙伴展开竞赛活动，可以寻找一个与自己同龄的伙伴，最好是做事不拖拉的，一起开展竞赛活动，比一比看看到底谁做得又好又快。

第四节 学会反思善倾听

很多家长认为，当今社会是一个充满竞争的社会，孩子如果不懂得"出风头"，一定会被他人忽略，甚至会被社会淘汰。为此，家长们确实关注了孩子竞争意识的培养，却忽视了孩子的心理健康。

实际上，一个事事以"竞争"为中心的孩子，难免过于自我，他们通常只想到个人的利益而不是自己的责任，不懂得关心他人，为他人着想。这样的孩子更容易患得患失，心理更容易失去平衡。这对孩子的成长极为不利。

让孩子有颗关心他人的爱心，既要积极参与竞争，又要多想想他人，这能让孩子拥有更加健康的心态与更为良好的人际关系。拥有这种习惯，孩子一生都将受益匪浅。

爱出风头是一种虚荣的表现。虚荣心每个人或多或少都有，这也是正常的，因为大多数人都渴望自己被他人尊重，甚至被人敬仰，也希望自己能做得更好、更完美。所以，适度的虚荣是可以理解的，它不但没有害处，还有一定的促进作用。但是，如果虚荣心太重，就会影响到心理的健康，影响正常的学习和生活。

过度虚荣、爱出风头的孩子喜欢炫耀自己，他们只喜欢听到赞扬声，不爱听反对声，更不愿意听到批评。他们总是想千方百计引起他人的注意。为了能出风头，满足自己的虚荣心，他们穿名牌、吃大餐、爱请客，无非是为了让他人觉得自己很"酷"。如果家长不能满足自己的这种需要，这些孩子就会大吵大闹，严重的还会要挟父母。这种恶劣的行为让家长万分头疼。

过度虚荣、爱出风头的孩子总喜欢在人前引起骚动。他们不懂得谦虚，不懂得站在他人的立场上去考虑问题，更不懂得将心比心。很多场合他们都想跃跃欲试，非要表现出自己的"聪明"、"才干"和"与众不同"。这样的孩子无疑是会让他人觉得很反感。因此，人际关系差，与他人格格不入成了他们的特征。这种情况，不仅在孩子小的时候这样，长大以后同样会如此。人际关系差就意味着失去被人赏识的机会，就意味着不可能获得成功。于是，那些本来很有些才干却喜欢出风头的人，总难免郁郁不得志，不被他人看重。

过度虚荣、爱出风头的孩子常常把对个人名誉和利益是否有好处作为支配自己行为的动力，总是很在乎他人对自己的评价，一旦别人有一点点否定自己的意思，自己便认为失去了所谓的自尊，就受不了了。这种靠追求表面上的荣耀、光彩以赢得他人尊重的心理是不健康的，是缺乏自信的表现。它不仅会影响学习、生活、工作，有时甚至会给自己酿成大错，比如为了满足某种虚荣去偷盗、去贪污等。

过度虚荣、爱出风头的孩子在思想上会不自觉地渗入自私、虚伪、欺诈等因素，他们为了表扬才去做好事，对表扬和成功沾沾自喜，甚至不惜弄虚作假。他们对自己的不足，总是想方设法去遮掩，因而不敢袒露自己的心扉，给自己带来沉重的心理负担。

爱出风头、虚荣心强的孩子喜欢与人攀比，如果自己不如别人就灰心丧气，或者嫉妒他人；为了夸大自己的实际能力水平，往往夸大其词，给他人留下不稳重、浮夸的印象。

总之，爱出风头、虚荣心强的孩子在人格成长过程中，常会出现各式各样的心理问题，常会为了满足自己的虚荣心而说谎、情绪不稳定、不认真学习、缺乏意志力等。所以，爱出风头、虚荣心强对孩子来说无疑是一种可怕的坏习惯。

同学们，为了别人对自己的赞美而极力去赢取、去讨好别人，是不利于自己心理健康的一种行为。在我们成长的过程中，要学会克制自己的虚荣心，不要干什么都想出风头，这一点一定要记在心里。虚荣、爱出风头，只会被虚名所累，成为一个无聊、没有尊严、没有自我的人。

仔细观察，我们会发现，但凡爱出风头，爱虚荣的孩子总喜欢在别人面前炫耀自己的优点和成绩，他们还常在同学和伙伴面前吹嘘自己父母的地位或者家境的富足。有些孩子，为了出风头而受到他人关注，总喜欢不懂装懂，喜欢班门弄斧，自以为是。如果别人纠正他的错误，他就恼羞成怒，拼命狡辩。面对这样的孩子，家长们总不知该从何下手去教育他们。实际上，孩子爱出风头的虚荣心形成主要是来自家庭。

1. 由于现代家庭独生子女多，父母怕孩子受委屈，于是总对孩子有求必应。不管是自己孩子穿的，还是戴的，都不能比别人差，别人的孩子有的自家的孩子也一定得有，于是在父母这种意识的纵容下，孩子的物质欲望便无限地膨胀。

2. 独生子女的父母还会因溺爱孩子，在别人面前总是爱讲孩子的优点，掩饰他们的缺点，甚至在亲朋好友面前常常夸耀自己的孩子聪明、成绩好等，而对别人的孩子往往擅自批评。由于孩子对自己客观评价的能力不足，而父母本身具有绝对权威性，慢慢地孩子就从父母眼里的"十全十美"变成自己心中的"十全十美"，再也容忍不了别人比自己优秀。

3. 自尊心过强，内心深处有自卑感。爱出风头实际上是渴望引起注意，渴望认同的表现，归根结底，也就是自卑的外化。他们总怕自己不如别人，所以总争强好胜，用自己的"风头"胜过别人。

4. 太过好强，爱面子。孩子在小的时候听过的赞美太多，对自己太过自信，所以难免爱出风头，讲求虚荣，想得到更多的欣赏与赞美，使别人对自己刮目相看，以受到别人尊重。

每个孩于都有他的天性，你可以正确引导他，但不要强制改变他。他爱出风头，你可以改变他的认识方式和交际能力。你应该多观察他的优点，而不是缺点。比如他爱出风头，也许他的另一面优点就是活泼聪明、个性开朗，如果他喜欢在人群里做"头"，也许长大以后他就是老板、政治家、明星，你又何必去把一个明星改造成一个平庸的人。

每一个孩子都是父母的未来，父母的希望。作为父母，我们总试图包容孩子的一切，善的、恶的、好的、坏的。但这样无原则的包容只会让孩子身陷爱的泥潭，唯有让孩子学会反省，孩子才能真正挣脱出来。

通过反省，孩子才能及时修正错误，不断地调整精神信息系统接受信号的灵敏度和准确度，以确保信息系统不出现紊乱。所以说，学会自我反省的孩子就等于掌握了自我完善和健康成长的秘方。

古希腊著名哲学苏格拉底认为："未经自省的生命不值得存在。"自省即自我思考。是一种道德修养的方法。通过反思，一个人可以提升自己的认识水准，完善自己的道德境界。反思能力是人们一种内在人格智力，是认识自我、完善自我、不断进步的前提条件。对成人而言，具备自我思考的能力，就能正确认识自己的优缺点，自尊、自律，有计划地规划人生。遇到困难和挫折时，能够及时调整自己的情绪，积极进取，渡过一次次难关，一步步走向成功。

金无足赤，人无完人，犯了错误不要紧，重要的是态度要端正。犯了错而不敢承认，是欠缺自信的表现。因为一个有自信、有实力的人，不会为了这一两次的失误就完全否定了自己的价值和能力。如果知道那些错误却不反思，看着错误一再上演，那对个人能力的提升，丝毫没有帮助。因此，只有自我反思，才能修正缺失。一个具备反思能力的人有了错误，能主动接受批评和自我批评，认真反思自身缺点，从而不断改进自己、升华自己。

一个具备反思能力的人一定能够对自己提出严格要求。他们总是寻找自己的不足，力求改进这些不足；他们总是能够虚心听取别人的意见，从别人的建议中汲取营养，使自己变得更加完善；他们不会害怕自我批判和自我否定，因为他们知道自我否定的目的是为了使自己达到一个更高的层次。

反思是认识自我、发展自我、完善自我和实现自我价值的最佳方法。心平气和地正视自己，客观地反思自己，既是一个人修身养德必备的基本功之一，又是增强生存实力的一条重要途径。因此，在自我否定的背后，他们实际上有着充分的自信，在不断的反思中获取前进的力量，让自己变得更优秀。

经常反思自己可以去除杂念，对事物有清晰、准确的判断，理性地认识自己，并提醒自己改正不足。只有全面地反思，才能真正认识自己，才能不断完善自己。因此，每日反思自己是不可或缺的功课。通过经常反思自己的思想和行为，无情地自我解剖，严格地自我批评，及时地改正自己的过错，把过失和错误消灭于萌芽状态。

勇于面对自己，正视自己，对自己的一言一行进行反思，反思不理智之思、不和谐之音、不练达之举、不完美之事，并且要及时进行，反复进行，才能够得到真切、深入而细致的收获。疏忽了、怠惰了，就有可能放过一些本该及时反思的事情，进而导致自己一再犯错。所以，培养孩子反思的习惯非常重要。

你的孩子懂得反省吗？

1. 当他做了错事以后，是马上意识到错误立即就改正，还是依然面不改色心不跳，在那里和人争辩呢？也许，勇于为自己的行为争辩是一种积极主动的心理行为，但从另一方面讲，就是找客观理由，为自己的错误行为开脱。这种习惯很不好，家长要及时纠正。

2. 当别人指出他的缺点，批评他的时候，他的态度如何呢？是能够虚心接受，还是依然固执到底，觉得自己没有什么错呢？如果孩子有这样的习惯，家长不要横加指责，而应该指出他错在哪里，怎样做才是对的。让孩子从心里意识到自己的错误。

3. 遇到问题，孩子是自己想办法解决，还是求助、依赖他人呢？很显然，能自己解决问题的孩子自我意识比较强，他也更具有反思的能力，从而能自己解决问题；相反，喜欢依赖别人的孩子并不懂得找出问题的原因，所以才求助别人。

一个人有缺点或过失并不可怕，关键是要能够正视它，正视缺失就等于改正了一半的错误。

一个人要学会从他人的身上借鉴经验，反思一下自己的行为，经过改正才能获得成功。而每一个人因为经历不同，所遇到的事情也不同，得到的启发肯定就不一样了。只要能够懂得反思，就是一种进步。

英国著名经济学家大卫·李嘉图9岁的时候，有一次，父母带他去商店。

大卫在商店的橱窗里看到了一双带皮毛的漂亮皮鞋，非常喜欢，就吵着要父母买下来。母亲同意了，但是父亲不同意，因为这是一双用木头做后跟的鞋子，不适合孩子穿。

大卫哭闹着执意要买。父亲想了想，就对大卫说："我可以答应给你买这双鞋子，但是，你要承诺，买了以后你必须每天穿这双鞋子，否则我就不给你买。"

大卫想着可以买自己心爱的鞋子，高兴地答应了。

谁知，鞋子买回来后，大卫才发现穿起来不仅会"咔嗒咔嗒"作响，而且非常不舒服。如果长时间穿这双鞋子脚就会很累。现在他才知道父亲之所以不让自己买这双鞋子的原因，都怨自己太爱虚荣了，现在穿这双鞋子简直就是受罪。这个时候，大卫深深地意识到自己的虚荣带来的坏处，他甚至愿意付出一切代价，只要能不穿这双鞋子。

聪明的父亲看出了大卫的想法，他对大卫说："孩子，我并不强迫你去穿这双鞋子，但是，你要学会反思一下自己，不要让自己陷入不良思想的陷阱。"

同学们，当你自己经验不足的时候，应该多听从别人的劝告。因为，有些事情不是因为自己坚持做就变成正确的了，相反，它可能一直就是错误的。当然，错了并不要紧，重要的是，要学会反思，懂得不要再犯类似的错误就可以。

古代夏朝时候，一个背叛的诸侯有扈氏率兵入侵，夏禹派他的儿子伯启抵抗，结果伯启被打败了。

他的部下很不服气，要求继续进攻。但是伯启说："不必了，我的兵比他多，地也比他大，却被他打败了，这一定是我的德行不如他，带兵方法不如他的缘故。从今天起，我一定要努力改正过来才是。"

从此以后，伯启每天很早便起床工作，粗茶淡饭，体恤百姓，任用有才干的人，尊敬有品德的人。过了一年，有扈氏知道了，不但不敢再来侵犯，反而自动投降。

一个人遇到失败或挫折，假如能像伯启这样，肯虚心地检讨自己，马上改正有缺失的地方，这样，世界上再没有什么艰难险阻可以妨碍他走上成功的道路的。

同学们，这个世界上从来都没有无缘无故的事情，如果别人做着与自己同样的事情，别人成功了，而自己却失败了，应该先学会反省自己，到底我哪里做得不如人家了，而不是觉得心有怨恨，认为别人对自己不公平，只会本着这样的态度，你也同样能够获得成功。

对于孩子的错误，一味责骂的教育方法一点都不奏效，只有循循善诱、晓之以理，才能引导孩子自我反省，对自己的行为进行评价判断，认识到自己的错误。这样才能收到良好的教育效果。一个聪明的家长不但懂得自己进行自我反思，还能够教会孩子学会怎么去反思。

此外，情感上的共鸣也是需要的，如果你的教育能让孩子产生情感的共鸣，从而开始反思，改正错误，你的教育便达到了事半功倍的效果。

善于总结与反省的孩子能更快地成长起来。他们能从反省和总结中得到启发，看到自己优点和不足，这样才能为更好地做好一件事情打下基础。

　　很多家长数起孩子的优点来滔滔不绝，什么"我的孩子聪明、体贴""我的孩子学习很好""我的孩子掌握很多技能"等，唯独没有人说"我的孩子善于倾听"。

　　其实，善于倾听是一个人不可缺少的修养。学会倾听，孩子不但能正确完整地听取所要的信息，而且会给人留下认真、踏实、尊重他人的印象。

　　如果你的孩子有善于倾听的好习惯，他就能听到世界上最美的声音，就可以感受到生活中最美的旋律，就可以吸收到他人成功的经验与失败的教训。这样，即使人生道路上布满荆棘，他也一样可以顺利前行。

　　人的一切活动都离不开"听"，"听"是孩子直接获得信息的最为重要的实践。从小培养孩子养成良好的倾听习惯，能让孩子一生都受益无穷。

　　首先，有效的倾听能帮助孩子博采众长，能弥补自己考虑问题的不足；也能使孩子触类旁通，萌发灵感。有善于倾听习惯的孩子一般学习能力都强，成绩都比较优异。而一个总在他人说话时插嘴的孩子，通常没有听课认真的习惯，注意力不集中，所以总在老师真正问起问题的时候，什么都不会。这样的孩子，通常在学习成绩上比较差，思路跟不上课堂的进度。

其次，有善于倾听习惯的孩子能获取朋友的信任，是一个人真正会交际、有教养的表现。善于倾听的人能够给别人充分的空间诉说自己，能帮助他人减轻心理上的压力，因为每当人们遇到不如意的事，总想找个人一吐为快。我们的倾听，在别人不如意时往往会起到意想不到的缓解作用。同时，善于倾听，还可以了解到他人的想法与需求，能够提出合适的建议，从而获得了友谊与信任。

一个不善于倾听别人说话的人，人际关系通常都很失败。他们总喜欢只顾自己滔滔不绝，别人的话还没有说完，他们就插话；别人的话还没有听清，他们就迫不及待地发表自己的见解和意见；可是，当对方兴致勃勃地与他们说话时，他们却心不在焉，手上还在不断拨弄这个那个。这样的人，没有人愿意和他交谈，更不会有人喜欢和他做朋友。这样的人，给人的印象是浮夸、不值得信任，没有教养，所以，总是招人嫌。

第三，善于倾听的人，常常会得到意想不到的收获。

蒲松龄因为能倾听路人的述说，记下了许多聊斋故事；唐太宗因为兼听而成为明主；齐桓公因为细听而善任管仲最终成就春秋霸业；刘玄德因为恭听而鼎足天下。

所以，从小培养孩子的倾听能力，让孩子养成良好的倾听习惯，对孩子未来的人生将会产生不可估量的作用，对孩子素养的提高也将起到巨大的推动作用。学会倾听，也就学会了尊重别人，学会了真诚处事，学会了关心，也同时学会了与他人合作。这样的孩子能不让人倾心相待吗？